Les modèles moléculaires de biomembranes

P. Mazliak

Les modèles moléculaires de biomembranes

Hermann Paris
Collection Méthodes

Remerciements

L'auteur tient à remercier très sincèrement Madame Micheline Poittevin et Mademoiselle Françoise Prudhomme pour l'aide décisive qu'elles lui ont apportée dans la préparation matérielle du manuscrit, ainsi que Madame Patricia Kerserho pour son aide rédactionnelle.

ISBN 2 7056 6054 2

Table

Introduction

Dans le langage scientifique moderne, le terme "modèle" a pris une signification inverse de celle qu'il avait traditionnellement dans les arts et la morale. Autrefois, on appelait "modèle" ce qui est à représenter (le modèle du peintre) ou à imiter (un modèle de vertu) ; à présent on appelle "modèle" ce qui a été artificiellement construit pour représenter ou imiter une réalité.

Bertrand de Jouvenel.

Dans l'organisation et le fonctionnement des êtres vivants, les membranes cellulaires (ou biomembranes) sont des structures capitales. Tout être vivant est en effet constitué de cellules : une seule cellule pour les bactéries, les protozoaires ou les algues unicellulaires, un très grand nombre de cellules différentes rassemblées en tissus dans les organismes supérieurs. Or chacune de ces cellules est entourée d'une membrane périphérique (ou membrane plasmique) ; le contenu des cellules les plus évoluées est lui-même recloisonné en un grand nombre de compartiments formant les organites cellulaires ; chaque organite est bordé par une ou souvent deux membranes ; enfin certains organites spécialisés dans les conversions d'énergie (la mitochondrie, le chloroplaste) renferment un très grand nombre de membranes internes ou présentent des repliements très complexes de l'une des membranes qui les enveloppent.

L'importance physiologique des membranes est donc évidente puisqu'elles permettent d'isoler le contenu cellulaire ou celui d'un compartiment de la cellule du monde qui lui est extérieur. Mais par définition, tout être vivant est aussi un système thermodynamique ouvert sur le monde : on ne peut concevoir aucun être vivant qui soit totalement isolé de l'univers environnant et il faut donc qu'il puisse y avoir échange continuel de matière et d'énergie entre les cellules vivantes et leur environnement. Ce qui impose de nombreux échanges transmembranaires.

Cette image dc la cellule, aujourd'hui banale, ne s'est imposée qu'assez récemment. Le concept scientifique de biomembrane a juste un peu plus d'un siècle et les premières idées sur l'arrangement des molécules dans une membrane n'ont été formulées qu'en 1925.

Se proposer de décrire l'arrangement dans l'espace des molécules constitutives des biomembranes, c'est en effet bâtir un modèle moléculaire de membranes. Or un modèle doit rendre compte des observations et des faits expérimentaux connus à l'époque où il est formulé. Mais le modèle est aussi un outil pour le chercheur, lui permettant notamment de prévoir certains résultats. L'éxpérimentateur utilise par exemple le modèle pour comprendre le comportement d'une drogue lors du franchissement d'une membrane ou les effets du courant électrique, d'une forte concentration ionique ou d'un changement d'acidité sur la perméabilité de la membrane. Le modèle a ainsi une valeur heuristique pour le chercheur : il lui permet d'avancer une hypothèse et d'en éprouver la validité par une expérience. Toutefois, une proposition de modèle n'est pas sans danger. L'accord semble parfois si complet entre les faits expérimentaux connus et tel modèle particulier que le risque est grand de voir le modèle s'ériger en dogme. Dans l'esprit des chercheurs, le modèle se substitue alors à la réalité qu'il devait initialement représenter. De plus tout modèle est réducteur et appauvrit la réalité. C'est donc précisément le décalage entre la réalité et le modèle, perçu par un chercheur à un moment donné, qui provoque le progrès des connaissances.

Depuis 1925, date de la première proposition de modèle moléculaire, trois grandes périodes peuvent être distinguées dans l'étude des biomembranes et sont présentées ci-dessous :

- la période du modèle de Danielli (1935-1960), modèle moléculaire de biomembranes semblant tout expliquer: les propriétés chimiques ou physiologiques des enveloppes cellulaires aussi bien que les images fournies par la microscopie électronique.

- Une période de profonde remise en question (de 1960 à 1970) au cours de laquelle l'application de nouvelles techniques à l'examen des membranes ou des constituants membranaires permet l'obtention de nombreux faits expérimentaux. Or la plupart des résultats ainsi obtenus remettent en cause le modèle de Danielli. Les biologistes proposent donc dans les années 1960 de nouveaux modèles de membranes, les "modèles en sous-unités".

- Enfin, en 1970, une autre technique d'observation des membranes (la microscopie électronique après cryodécapage) fournit des images de biomembranes totalement inédites. Deux chercheurs américains, Singer et Nicolson, s'appuyant par ailleurs sur de nombreuses données biochimiques, proposent donc en 1972 un nouveau modèle moléculaire, dit "en mosaïque fluide". Ce modèle est encore accepté quinze ans plus tard, par la très grande majorité des biologistes contemporains.

Cet ouvrage présente donc les raisons principales qui fondent ce consensus. Mais il retrace aussi une série de découvertes récentes qui soulèvent des interrogations nouvelles sur la validité du modèle de Singer et Nicolson.

CHAPITRE I

L'omniprésence des membranes dans la biologie contemporaine

Aucun des grands problèmes rencontrés en biologie, en médecine ou en chirurgie en cette fin de vingtième siècle ne peut trouver de solution sans qu'on évoque l'intervention des membranes cellulaires dans les processus étudiés.

L'immunologie et la cancérologie

Ainsi, l'immunologie est une des disciplines les plus neuves et les plus fécondes en résultats de la biologie moderne. Toute bactérie, toute particule, tout groupe moléculaire étranger introduit par effraction dans le sang d'un mammifère supérieur est un "intrus", un "agresseur" contre lequel le mammifère se défend. Des cellules spéciales de l'organisme agressé fabriquent des anticorps, macromolécules protéiques qui formeront un complexe avec l'intrus, afin de le paralyser. Mais les groupes antigéniques, qui déclenchent la synthèse des anticorps, sont le plus souvent des constituants des membranes (des glycoprotéines ou des mélanges de glycoprotéines et de glycolipides) appartenant au plasmalemme ou à la paroi de la cellule ou du virus entrés par effraction dans le plasma sanguin. De même, les groupes sanguins différents (A, B, etc.) dans lesquels se rangent les individus de l'espèce humaine se différencient par les glycoprotéines et glycolipides constituant les membranes de leurs globules rouges. Toute l'immunologie, la vaccination, c'est-à-dire l'ensemble des réactions de défense des êtres supérieurs aux agressions par les microbes pathogènes, reposent donc sur la variété des protéines localisées à la surface des membranes cellulaires. Autre exemple de l'importance considérable des protéines membranaires : la chirurgie des greffes d'organes, dont les progrès dépendent étroitement de nos connaissances sur ces protéines. En effet, le rejet d'un organe greffé (coeur, rein, yeux) se traduit chez "l'organisme-hôte" par une série de réactions analogues aux réactions de défense immunitaires. Et de même que l'on a défini des groupes sanguins chez l'homme, on a pu définir des groupes d'histocompatibilité, déterminant la compatibilité de greffe entre organes ou tissus (foie, intestin, peau ...) provenant d'individus différents : l'appartenance de deux individus à des groupes d'histocompatibilité différents interdit la greffe des tissus de l'un des individus sur l'autre. Les cellules de l'organisme humain renferment donc, dans leurs membranes cytoplasmiques, des glycoprotéines jouant le rôle d'antigènes tissulaires.

La cancérologie et l'étude de la structure ou de la composition des membranes cellulaires sont également deux domaines de recherche étroitement liés puisque toutes les cellules cancéreuses ont leur membrane cytoplasmique profondément transformée. Quelques expériences simples mettent ce fait en évidence. Des cellules animales saines de divers tissus peuvent aujourd'hui être séparées les unes des autres et mises en culture au laboratoire en milieu liquide ou solide. Si le milieu est convenablement choisi, riche en aliments, les cellules se multiplient jusqu'à ce que leur densité soit si importante qu'elles finissent par se toucher mutuellement. Immédiatement la multiplication cesse : c'est le phénomène de "l'inhibition de contact". Mais on ignore pour le moment quels sont les signaux émis par les membranes cellulaires en contact, qui ont immédiatement fait cesser le mécanisme de la réplication cellulaire. En revanche, on a constaté que les cellules cancéreuses, mises en cultures, se multipliaient anarchiquement et avaient perdu toute inhibition de contact ! La densité devient même si grande que toutes les cellules présentes se touchent en plusieurs points : les signaux d'arrêt de la multiplication cellulaire ne partent plus des membranes transformées des cellules cancéreuses. Les biochimistes ont de plus noté de grandes modifications des glycoprotéines et des glycolipides de surface des cellules cancéreuses. On ne peut encore dire si ces modifications de la membrane cellulaire sont la cause ou la conséquence de la cancérisation des cellules : mais le fait est bien là !

Enfin, une autre série d'expériences vient illustrer les liens existant entre cancérologie et structure des membranes : des protéines végétales spéciales, les *lectines* ou *agglutinines,* extraites de graines telles que le ricin, possèdent normalement la possibilité d'agglutiner des cellules animales isolées et mises en culture. Et ces lectines agglutinent bien plus facilement les cellules cancéreuses que les cellules saines.

La pharmacologie. Les échanges transmembranaires.

L'une des propriétés fondamentales dont dépend toute la pharmacologie : le contrôle de la perméabilité cellulaire, dépend également de la structure des membranes. Quand un médecin prescrit une drogue - un médicament - à un patient, les molécules de médicament ne pénètreront dans les cellules-cibles qu'en passant à travers de multiples *barrages cellulaires* , c'est à dire de multiples membranes. Dans leur pratique quotidienne, le médecin, le pharmacien, l'anesthésiste doivent donc tenir le plus grand compte des possibilités d'échanges transmembranaires, tout particulièrement des propriétés des cellules nerveuses. Le chercheur aura, lui, une approche des problèmes souvent différente de celle du médecin et du pharmacien. Ce ne sont plus essentiellement les obstacles à la libre diffusion des substances qui retiennent son attention. Le physiologiste par exemple considère volontiers la membrane comme lieu privilégié d'*échange* de certains ions ou de substances entre compartiments cellulaires distincts. Or ces transports d'ions sont le plus souvent *actifs* : ils n'obéissent pas passivement aux lois de la diffusion physique, imposant la diffusion des zones de fortes concentrations vers les zones de plus faibles concentrations. Les flux ioniques dans les cellules sont le plus souvent dirigés en sens contraire des flux de diffusion : ils s'effectuent *à contre-courant des gradients de concentration*, migrant des zones les moins concentrées vers les zones les plus concentrées. Pour que de tels flux actifs puissent se produire, il faut donc que les membranes cellulaires possèdent des protéines-vecteurs (les perméases, les pompes ioniques) susceptibles de faire franchir aux ions les barrages membranaires ; mais il est tout aussi nécessaire que ces protéines-vecteurs sachent utiliser l'énergie fournie par les cellules pour que puissent s'effectuer ces migrations à contre-courant des gradients de concentration. Les membranes cellulaires jouent ainsi le premier rôle dans ces phénomènes de transport actif, par exemple dans le rein de l'homme, comme on peut en juger sur le tableau 1. On y voit en effet que les membranes de l'épithélium rénal expulsent activement les sels et l'urée du sang vers l'urine : en revanche le glucose ne diffuse pas du plasma dans l'urine. Cette physiologie rénale de l'individu sain repose entièrement sur la perméabilité sélective et les transports actifs des membranes de l'épithélium rénal. En cas de fonctionnement perturbé, les signes cliniques d'une pathologie en progrès peuvent donc être la glycosurie (présence de glucose dans le sang) ou l'urémie (présence d'urée dans le sang).

Tableau 1. Exemple de transports actifs à travers les membranes de l'épithélium rénal de l'homme, épithelium séparant deux liquides organiques importants : le sang et l'urine.

Substance considérée	Concentration dans le sang (en g/l)	Concentration dans l'urine (en g/l)
Cl Na (sel)	5 à 6	11
sels minéraux divers	4 à 5	9
urée	0,5	25
glucose	1,3 à 1,5	0

Les pompes ioniques ou les systèmes assurant le transport actif de certaines molécules organiques à travers les membranes sont des ensembles de protéines intégrées aux membranees : certaines ont la propriété d'hydrolyser des molécules dites "riches en énergie", comme l'adénosine triphosphate ou ATP. Les transporteurs actifs des membranes sont donc des ATPases (enzymes catalysant la libération d'énergie par hydrolyse de l'ATP). L'énergie libérée est utilisée pour changer la conformation des ensembles protéiques transporteurs et ouvrir de petits canaux dans les membranes ; ce qui permet la migration des substances à contre-courant des gradients électrochimiques. La cellule doit continuellement alimenter en ATP (c'est à dire en énergie) les pompes ioniques ou les vecteurs membranaires des transports actifs.

Enfin, la perméabilité des membranes permet les échanges continuels d'aliments et de déchets. Les cellules qui bordent la paroi de l'intestin des mammifères, par exemple, présentent une membrane externe qui se replie des milliers de fois sur elle-même au contact de la cavité centrale. Ces repliements forment la "bordure en brosse" des cellules intestinales (comportant de nombreuses microvillosités) et cette morphologie spéciale permet bien évidemment d'accroître la surface d'échange entre les cellules intestinales qui ingèrent les aliments et le tractus intestinal. Des milliers de cm^2 de surface membranaire jouent ainsi le plus grand rôle dans la digestion.

La bioénergétique

Puisqu'une cellule est un système thermodynamique ouvert, par définition cela signifie qu'elle reçoit sans cesse de l'énergie de l'univers environnant et qu'elle réémet sans cesse - à plus ou moins long terme - cette énergie reçue. L'énergie ne peut être fournie aux cellules que sous deux formes : 1) *la lumière* et 2) *l'énergie chimique potentielle* des aliments. Seules les cellules végétales vertes, possédant de la chlorophylle, ainsi que quelques bactéries, convertissent massivement les quanta de *lumière* en énergie chimique stockable (sous formc d'ATP). Ces conversions d'énergie constituent les réactions photochimiques de la photosynthèse. *L'énergie chimique potentielle* contenue dans les aliments destinés à être dégradés par la respiration ou la fermentation, constitue la source d'énergie la plus répandue dans la biosphère : ces phénomènes de conversion d'énergie intracellulaire sont donc communs à l'immense majorité des êtres vivants, animaux ou végétaux. Presque toutes les conversions énergétiques se produisant dans la cellule (lumière en ATP, aliment respiratoire en ATP) *exigent absolument la structure membranaire pour se réaliser.* Ainsi sans les membranes nombreuses et empilées dans les grana des chloroplastes, pas de photosynthèse ! Sans les replis membranaires microscopiques des crêtes des mitochondries, pas de respiration ! Or dès ce stade de simple présentation de l'activité des membranes spécialisées dans les conversions d'énergie, on peut dégager quelques caractéristiques communes (fig.1). Toute membrane réalisant une conversion d'énergie doit former une vésicule close, imperméable aux protons : c'est le cas des membranes des grana des chloroplastes, de la membrane interne de la mitochondrie. L'énergie qui arrive sur cette membrane peut alors être captée : par un pigment s'il s'agit d'énergie lumineuse - le capteur est la chlorophylle ; par une flavoprotéine qui se réduit, s'il s'agit d'énergie chimique potentielle stockée dans un substrat respiratoire. Dès lors interviennent - et de façon couplée - un transfert d'électrons longitudinal à la membrane et un transfert de protons transmembranaire. Les électrons sont finalement captés par un "accepteur terminal d'électron" : c'est l'oxygène dans le cas de la respiration, un autre composé dans le cas de la photosynthèse. La différence de pH qui s'est créée par suite du passage des protons à travers la membrane provoque l'intervention d'une enzyme (ATPase réversible ou ATP synthétase) qui, au lieu d'effectuer l'hydrolyse de l'ATP, effectue au contraire sa synthèse. L'énergie initialement arrivée sur la membrane se trouve donc enfermée dans la molécule d'ATP stockée dans la cellule, énergie qui peut être libérée lors d'une hydrolyse ultérieure. Cette théorie contemporaine des transductions d'énergie dans les cellules met en évidence le rôle central joué par les membranes.

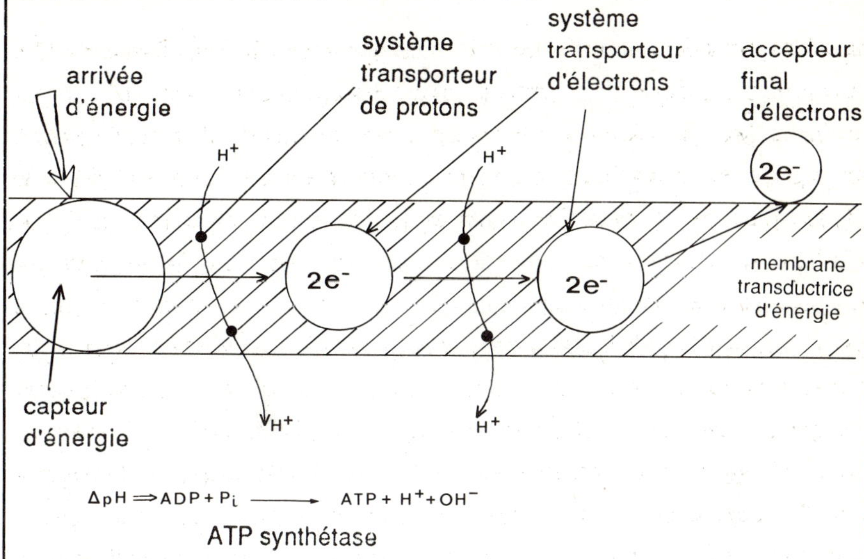

Figure 1
Schéma rassemblant quelques traits communs à toutes les conversions d'énergie dans les membranes. Les mécanismes moléculaires de conversion d'énergie dans le chloroplaste et la mitochondrie seront repris en détail au chapitre VII (ADP, ATP = adénosine di- ou triphosphate).

Envisageons encore, pour terminer cette entrée en matière, quelques grands problèmes biologiques dont la solution passe obligatoirement par l'étude des membranes cellulaires et notamment la propagation de l'influx nerveux le long des fibres nerveuses. Le passage de cet influx est marqué par une onde de dépolarisation électrique de la membrane du neurone, avec sortie, au point de dépolarisation, de certains ions à l'extérieur de la cellule et entrée d'autres ions en sens contraire. Ces modifications extrêmement rapides de la perméabilité aux ions des membranes nerveuses commandent ainsi toute la physiologie nerveuse des animaux. Il est donc crucial de connaître la structure de la membrane des neurones.

De même, les processus de division cellulaire dépendent du rôle joué par les membranes. Il a été montré depuis plus de dix ans déjà que lorsque l'unique chromosome bactérien se dupliquait en deux chromosomes fils (lors de la division d'une bactérie, en deux bactéries filles) il fallait auparavant qu'il se fût attaché en un point spécialisé de la membrane bactérienne (le mésosome). C'est ensuite le grandissement de la membrane cellulaire qui éloigne l'un de l'autre les deux chromosomes fils lors de la division de la cellule bactérienne ; lorsque les chromosomes sont suffisamment éloignés l'un de l'autre, un recloisonnement transversal de la cellule-mère fait naître deux cellules-filles, chacune munie de son chromosome. On retrouve le même lien entre duplication de l'ADN (préparatoire à la division cellulaire) et membrane nucléaire chez les êtres supérieurs. Dans les noyaux des cellules eucaryotes (cellules à véritable noyau), les filaments d'ADN sont destinés à former les chromosomes qui s'individualiseront au moment de la division cellulaire ; ces filaments sont liés à la face interne de la membrane périnucléaire. Il semble donc que l'initiation de la duplication de l'ADN des êtres vivants exige une liaison de ses acides nucléiques avec une membrane cellulaire.

Le rôle important des membranes cellulaires a aussi été mis en lumière dans le domaine de l'embryologie. Ce sont les contacts des membranes cellulaires des différents feuillets de l'embryon qui déclenchent les mouvements morphogènes, les replis caractéristiques, les migrations de populations cellulaires qui caractérisent le développement embryonnaire. Par ailleurs, les parois cellulosiques ou lignifiées des végétaux sont synthétisées par des enzymes de la membrane périphérique des cellules. Enfin la résistance ou la non résistance au froid de nombreuses plantes semble déterminée par les modifications de composition chimique apparaissant dans les membranes sous l'effet des basses températures... Tout problème biologique invite donc le chercheur à prendre en considération le rôle des membranes cellulaires. Tenter de faire le point, le plus simplement possible, sur les connaissances actuelles concernant la composition et la structure des membranes, facilitera donc l'étude ultérieure des modèles moléculaires proposés pour l'architecture des biomembranes.

CHAPITRE II

Présentation des biomembranes

Qu'est-ce au juste qu'une membrane biologique ? Il est difficile de répondre à cette question en peu de mots : chaque spécialiste d'une sous-discipline biologique (microscopiste, biochimiste, physiologiste, biophysicien, etc...) apporte à lui seul un ensemble d'informations partielles sur les membranes biologiques. Or il est bien difficile de trouver des points communs entre ces multiples informations. Pour éviter une définition-catalogue regroupant des propriétés ou des observations sans lien logique, un effort de synthèse s'impose. Nous le tenterons ci-dessous, prenant aussi le risque de donner des membranes biologiques une définition peut-être "mutilante" : aucune définition ne saurait en effet, en l'état actuel de la biologie, rendre compte de la multitude de propriétés déjà reconnues aux diverses membranes - périphériques ou internes aux protoplasmes - dans toutes les cellules aujourd'hui étudiées et appartenant aux innombrables espèces de plantes, d'animaux, de bactéries vivant à la surface du globe. Néanmoins, au-delà de la diversité des formes vivantes, quelques traits communs peuvent servir à définir les biomembranes de tous les êtres vivants.

1. La structure bidimensionnelle

Considérons une cellule grossièrement sphérique et tout à fait banale, ayant 25 µm de diamètre : la surface de la membrane cytoplasmique qui l'enveloppe totalement mesure environ 8000 µm^2, ce qui nécessite, pour couvrir cette seule surface, un nombre considérable de molécules. En effet, en prenant comme "section droite" approximative d'un constituant lipidique des membranes, la valeur usuelle de 60 Å^2 soit 60 x 10^{-8} µm^2, il ne faut pas moins de 1,3 x 10^{10}molécules de lipides (soit 13 milliards) pour couvrir la surface d'une cellule de taille très moyenne chez les êtres vivants. Par contre, les épaisseurs de membranes mesurées par les microscopistes électroniciens s'inscrivent toutes entre 75 et 120 Å. Sachant qu'une molécule "type" de lipide membranaire s'inscrit dans un petit cylindre d'environ 50 Å de longueur, la superposition de *deux* molécules suffit donc pour donner son épaisseur à la membrane cellulaire (fig. 2). Cet aspect architectural désigne les membranes cellulaires comme des structures "bidimensionnelles" ou "paucimoléculaires" : les molécules constituant les membranes se disposent volontiers sur deux axes de l'espace, mais très peu de molécules sont superposées selon le troisième axe.

2. Les constituants biochimiques des membranes

Les matériaux constituant la structure cellulaire sont essentiellement *des lipides et des protéines. Toute membrane cellulaire est donc un agrégat lipo-protéique : lipides et protéines ne sont pas liés dans les membranes par des liaisons chimiques fortes* (du type liaison de covalence) *mais au contraire par un grand nombre de liaisons physiques faibles* (liaisons électro-statiques, liaisons de Van Der Waals, liaisons hydrophobes, liaisons hydrogène...). Cet élément biochimique de la définition des membranes est de la plus grande importance puisqu'il permet de distinguer clairement parois et membranes. Les *parois* sont des enveloppes péri-cellulaires, secrétées par le cytoplasme et formées de polymères (polymères d'oses, comme la cellulose de la paroi des végétaux ; polymères d'osamines, comme la chitine de la paroi des champignons ; polymères très complexes d'oses, d'osamines, d'osamines-N-acétylées comme dans le cas des parois mucopolysaccharidiques des bactéries). Toutes ces parois sont des structures "mortes"

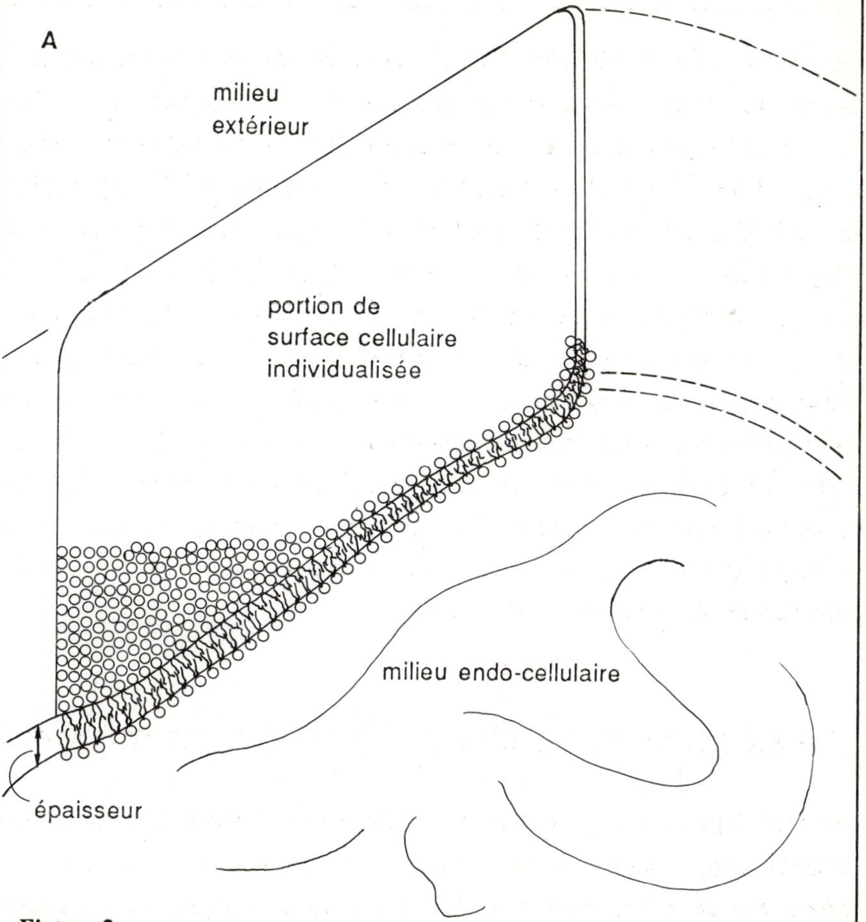

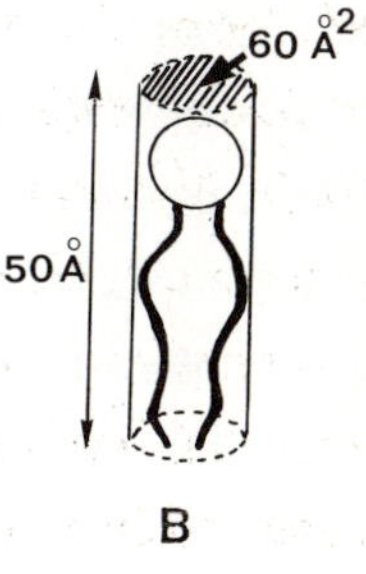

Figure 2
Schéma d'une portion de membrane péricellulaire. Une partie de la surface cellulaire a été individualisée en A. On voit le très grand nombre de molécules lipidiques banales nécessaires pour couvrir la surface individualisée. Deux molécules superposées, en revanche, rendent compte de l'épaisseur de la membrane.
En B, une molécule constituant la membrane (c'est un phospholipide) a été schématisée et «inscrite» dans un cylindre correspondant à l'encombrement moléculaire moyen de la molécule dans l'espace. La section droite du cylindre est de 60 Å^2 et la longueur du cylindre est de 50 Å.

qu'il est aisé de séparer sans dommage de la masse cellulaire sans entraîner aucune désorganisation notable. Les parois cellulosiques bien résistantes des cellules végétales sont utilisées dans la fabrication des tissus et du papier ; ces parois forment du bois lorsqu'elles sont lignifiées (surchargées de polymères de composés phénoliques). Les *membranes* sont des structures fragiles et vivantes : il faut de multiples précautions expérimentales (nous y reviendrons) pour les séparer de la masse cellulaire.

Cependant, le fait même que l'on puisse les isoler indique qu'une membrane cellulaire est une structure relativement stable. Cette stabilité est assurée par le très grand nombre de liaisons de faible énergie existant entre les milliards de molécules lipidiques qui se pressent l'une contre l'autre dans le plan de la membrane. Nous aurons donc souvent à prendre en compte le nombre et la nature des liaisons stabilisant les agrégats lipo-protéiques dans la discussion des modèles moléculaires de membranes.

2.1. Les lipides membranaires

Ce sont essentiellement des phospholipides. Ces molécules complexes sont toutes bâties sur le même modèle (fig.3) et comprennent deux parties : 1) une "tête" phosphorylée, contenant des charges électriques dissociées, et de ce fait fortement *polaire* ou *hydrophile*, c'est à dire miscible aux molécules d'eau qui se lient facilement (par des interactions électriques) avec la tête polaire ; 2) deux longues chaînes d'acides gras estérifiées au glycérol, formées d'une succession de groupes carbonés - CH_2 - (chaque chaîne renferme 16 à 20 groupes ou plus), ne présentant aucune charge électrique dissociée, donc parfaitement *apolaires* ou *hydrophobes*. Au total, la molécule de phospholipide - molécule membranaire typique - est dite *amphipolaire* à cause de ses deux parties constituantes aux propriétés électriques opposées : la "tête" hydrophile et la "queue" des deux acides gras hydrophobes. Les dimensions moyennes d'une molécule de phospholipide sont indiquées sur la figure 2.

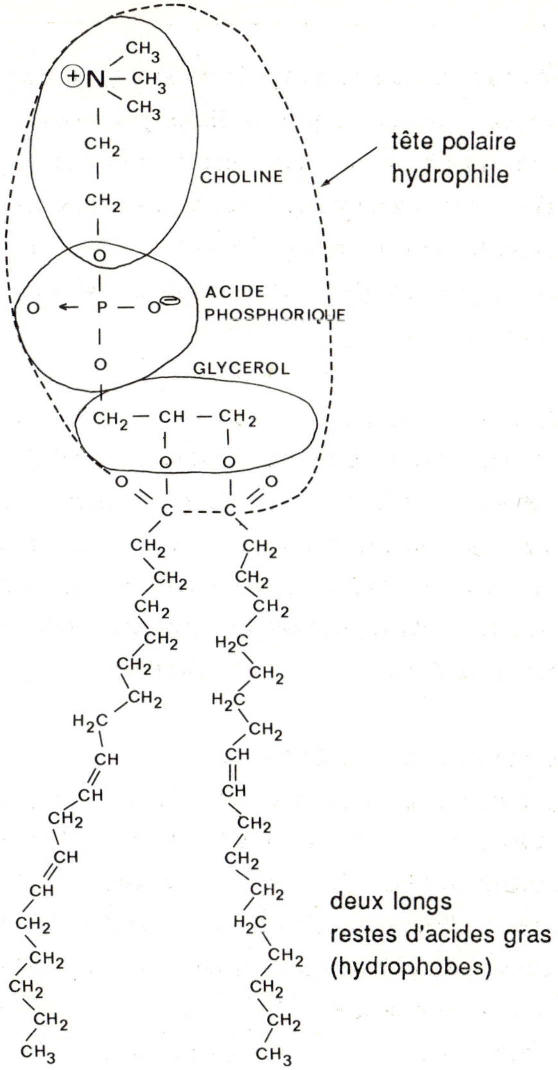

Figure 3
Type de phospholipide membranaire : la phosphatidylcholine. On distingue nettement deux parties dans cette molécule : l'une renfermant la choline, l'acide phosphorique, le glycérol, contient de nombreuses charges électriques : c'est la «tête» polaire. L'autre ne renferme que deux longues chaînes carbonées d'acides gras, sans charge électrique : c'est la «queue» hydrophobe.

Les différents phospholipides présents dans les membranes se distinguent par les groupements chimiques qui estérifient l'acide phosphorique : choline, sérine, éthanolamine, inositol, glycérol, etc. On trouve ainsi dans les membranes des molécules de phosphatidylcholine, phosphatidylsérine, phosphatidyléthanolamine, etc. Le "reste phosphatidyl", commun à toutes les molécules, renferme les deux acides gras estifiés au glycérol. Ce "reste phosphatidyl" est une entité chimique susceptible de varier par la nature des acides gras : ceux-ci peuvent être saturés (acide palmitique, stéarique) ou insaturés (acides oléique, linoléique, arachidonique, etc.). Les nouvelles techniques d'analyse très performantes de la biochimie contemporaine permettent d'étudier les types moléculaires de phospholipides rencontrés dans les biomembranes. Les résultats acquis ces dernières années montrent qu'une même membrane - la membrane plasmique du globule rouge humain, par exemple - peut renfermer plus de 400 types moléculaires différents de phospholipides. Les différences, d'une molécule à l'autre, peuvent porter, à la fois, sur la nature de la "tête" polaire et sur celle de la "queue" hydrophobe.

2.2. Les protéines membranaires

Les protéines membranaires sont beaucoup moins bien connues que les phospholipides, mais il s'agit essentiellement de masses *globulaires*, structure qui n'a pas toujours été reconnue.

Les acides aminés, éléments monomères qui constituent les protéines membranaires, sont essentiellement des acides aminés à résidus hydrophobes : valine, leucine, isoleucine, phénylalanine, etc. Cependant les analyses détaillées de protéines membranaires révèlent que l'écart entre le nombre des acides aminés à résidus hydrophobes et le nombre des acides aminés à résidus polaires (hydrophiles) n'est pas très grand ; on trouve aussi, dans les protéines membranaires, des acides aminés portant plusieurs charges électriques (l'acide glutamique, l'acide aspartique, la lysine, etc.). Une protéine particulière de la membrane cytoplasmique

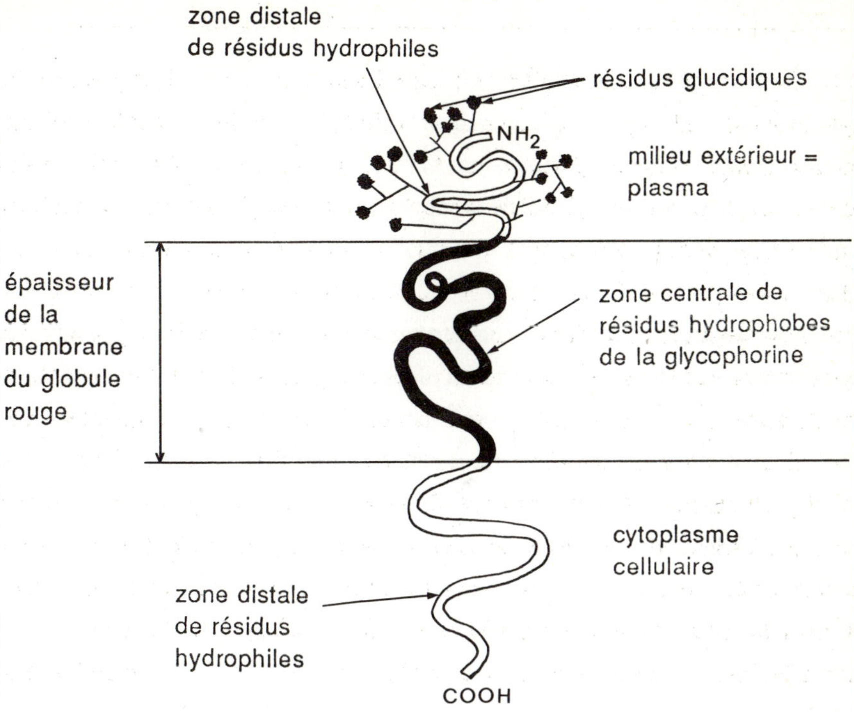

Figure 4
La glycophorine, glycoprotéine de la membrane cytoplasmique des globules rouges. Sur le schéma ci-dessus, la molécule est figurée en place, traversant toute l'épaisseur de la membrane et plongeant ses deux parties distales hydrophiles dans les phases aqueuses. La zone centrale hydrophobe est plongée au coeur même de l'épaisseur de la membrane.

du globule rouge a été bien analysée : il s'agit de la *glycophorine*, protéine très fortement intégrée à la structure membranaire, renfermant des résidus glucidiques en plus des acides aminés et très souvent présente dans les membranes.

De poids moléculaire 30.000, la glycophorine comporte 131 acides aminés. La nature et la séquence de ces acides aminés ont été déterminées et l'on a pu aisément distinguer trois zones différentes dans le filament polypeptidique résultant de la condensation des acides aminés : une zone centrale, formée de 23 résidus d'acides aminés nettement hydrophobes (alanine, valine, isoleucine, méthionine, phénylalanine, etc.) et deux zones distales formées d'acides aminés nettement plus hydrophiles. Les premiers acides aminés polaires du filament polypeptidique se branchent d'ailleurs, par de nombreuses liaisons covalentes, sur des résidus glucidiques.

La simple considération de la structure détaillée de la protéine membranaire "glycophorine" permet déjà d'esquisser un placement de cette glycoprotéine dans la membrane du globule rouge : la partie centrale (hydrophobe) du filament polypeptidique plongera dans l'épaisseur de la membrane tandis que les deux parties terminales (hydrophiles) seront localisées dans les phases aqueuses entourant la membrane (fig.4). On peut séparer, par électrophorèse, un grand nombre de protéines membranaires différentes (souvent 30 ou 50 par membrane) mais ces protéines sont pour le moment beaucoup moins bien connues que la glycophorine.

3. Les zones frontières : plasmalemme et endomembranes

Un fonctionnement commun à toutes les membranes biologiques permet de souligner les propriétés physiologiques communes à ces structures vivantes. Les membranes doivent d'abord être envisagées comme des barrières, des obstacles continus s'opposant à la diffusion libre des molécules dans les phases aqueuses. De ce point de vue, on a déjà signalé que toute cellule eucaryote possède évidemment une membrane cytoplasmique (ou plasmalemme) l'enveloppant complètement et s'opposant à la diffusion libre des constituants cellulaires dans le milieu externe (réciproquement le plasmalemme sert de barrage à l'entrée des molécules du milieu externe vers l'intérieur de la cellule). Mais il est grand temps d'ajouter que la masse du cytoplasme cellulaire est elle-même traversée, cloisonnée et compartimentée par une grande quantité de membranes internes aux cellules (endomembranes) formant réseau (comme dans le réticulum endoplasmique),

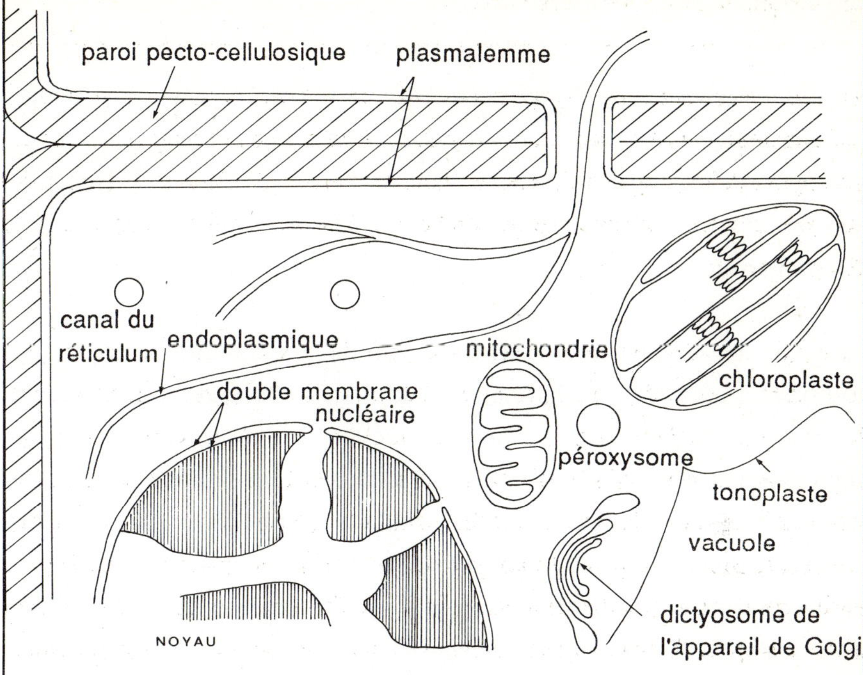

Figure 5
Schéma d'une portion de cellule végétale observée au microscope électronique. Un tel schéma montre bien le recloisonnement très dense du cytoplasme cellulaire par le grand nombre d'endomembranes créant des compartiments distincts.

ou bien entourant les divers organites cellulaires (chloroplastes, mitochondries, lysosomes, saccules de l'appareil de Golgi, etc.). Beaucoup d'organites contiennent à l'intérieur d'eux-mêmes des sous-compartiments, bordés chacun de membranes. Envisagée sous son aspect "barrage de diffusion", toute membrane est donc une *structure de compartimentation* de la masse protoplasmique, cloisonnant l'énorme cytoplasme cellulaire en de multiples compartiments clos, de beaucoup plus faible volume, où les concentrations des divers métabolites peuvent être assez élevées alors que ces concentrations seraient très basses si le cytoplasme n'était pas recloisonné. Dans chaque compartiment, isolé par sa membrane-enveloppe, peuvent se dérouler des réactions enzymatiques distinctes. Les endomembranes de compartimentation de la masse cellulaire facilitent certainement la division du travail métabolique au sein des cellules (fig. 5) : dans les mitochondries, les réactions produisent l'ATP, "monnaie énergétique" de la cellule ; dans les lysosomes se trouvent les hydrolases prêtes à dégrader tout intrus pénétrant dans le cytoplasme ; dans le noyau se trouvent les systèmes de duplication ou de transcription des acides nucléiques... Il ne fait aucun doute que l'évolution se marque par le passage de la petite masse cellulaire indivise des bactéries vers le cytoplasme 30.000 fois plus volumineux et compartimenté à l'extrême par un réseau d'endomembranes des cellules des êtres supérieurs.

Mais plasmalemme et endomembranes ne sont pas de simples barrages de diffusion. Dire que ces membranes sont "vivantes", c'est affirmer, contradictoirement, qu'elles sont aussi des lieux privilégiés d'échanges entre compartiments cellulaires ; le plasmalemme, par exemple, possède des systèmes transporteurs qui font entrer ou sortir des molécules de la cellule vers le milieu. Il faut donc envisager la zone frontière constituée par une membrane en bordure d'un compartiment cellulaire (ou en bordure du cytoplasme lui-même) comme une zone privilégiée de passage des molécules d'un compartiment à l'autre : cette perméabilité des membranes est contrôlée. Souple, changeante en fonction de nombreux facteurs régulant de très près les flux d'échanges entre cellule et milieu ou entre compartiments intracellulaires, la perméabilité sélective des membranes est une de leurs caractéristiques physiologiques les mieux affirmées. Or l'étude des échanges transmembranaires donne encore lieu, aujourd'hui, à des milliers de publications scientifiques ! Mais si la fonction principale des membranes, c'est justement ce contrôle des échanges transmembranaires, cette fonction ne peut être dissociée de la structure moléculaire des membranes. Pour bien comprendre les mécanismes de la perméabilité cellulaire, il faut évidemment connaître la structure moléculaire des membranes.

4. Aspects morphologiques communs à toutes les membranes

Comment donc se présentent les membranes à l'oeil de l'observateur ? Au microscope optique ordinaire (microscope à lumière), *les membranes ne se voient pas*. Lorsqu'on regarde une cellule animale isolée dans un milieu, la "zone frontière" entre le cytoplasme et le milieu, la membrane précisément, présente une épaisseur trop faible pour apparaître sur les coupes. Seule une limite nette est décelable entre deux zones de réfringences différentes (l'intérieur de la cellule d'une part, le milieu externe, d'autre part). Si l'échantillon a été préalablement coloré, la membrane se perçoit au microscope comme la zone où s'arrête nettement la coloration. Le caractère "paucimoléculaire" des structures membranaires - que nous avons souligné plus haut - fait que les quelques molécules empilées qui constituent l'épaisseur de la membrane forment ensemble, mises bout à bout, une longueur inférieure à la limite de résolution du meilleur microscope (cette limite est d'environ 0,3 µm, soit 3000 Å ; nous avons cité plus haut des épaisseurs membranaires comprises entre 75 et 120 Å, donc indiscernables au microscope).

Il faut les grossissements beaucoup plus forts du microscope électronique pour voir les membranes. Deux techniques complémentaires de microscopie électronique ont fourni, pour toutes les biomembranes examinées à ce jour, des images très constantes. La microscopie électronique des coupes ultrafines de cellules après fixation chimique (au glutaraldéhyde) et contraste par les métaux lourds (permanganate de potassium ou tétroxyde d'osmium) a fourni les images tripartites maintenant bien connues de membranes vues en coupe transversale : deux bandes noires entourant une bande claire (image dite "en rail de chemin de fer") (fig.6). La généralité de l'image tripartite s'est imposée au cours des années 1955-1960. Toute membrane, bactérienne, animale ou végétale, provenant de n'importe quel être vivant fournissait cette image tripartite après examen par les techniques classiques de la microscopie électronique.

Vers 1970, une autre technique d'examen des membranes fut utilisée par les microscopistes électroniciens : elle consistait à examiner les membranes après *cryo-décapage*, c'est à dire après un refroidissement très brutal des tissus à la température du fréon liquide (proche du zéro absolu) ; la méthode consistait ensuite à casser l'objet à très basse température, à laisser se volatiliser sous vide les microcristaux de glace formés lors du refroidissement puis à faire une répli-

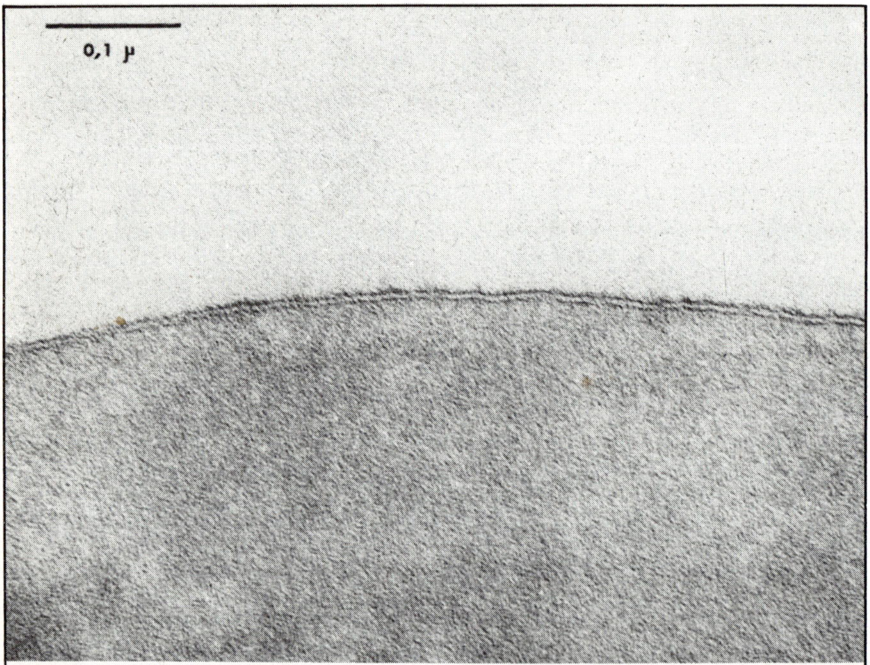

Figure 6
Coupe ultrafine d'une membrane cytoplasmique bordant un globule rouge humain (grossissement : 280.000). Examen au microscope électronique après fixation à la glutaraldéhyde et contraste au permanganate de potassium. On reconnaît très bien l'image tripartite, en «rail de chemin de fer», l'ensemble ayant une épaisseur d'environ 75 Å.
Cliché J.D. Robertson, in *Cellular membranes and development*, (M. Locke, ed.) Academic Press (1964). Publié avec l'aimable autorisation d'Academic Press.

que au microscope électronique, et de cette façon, le microscopiste avait accès à une vue tangentielle, plane, de la surface membranaire et non plus à une vue en coupe transversale. Par cette nouvelle technique, toutes les biomembranes offrirent la même image générale : un fond lisse parsemé de particules ayant environ 120 Å de diamètre (fig.7).

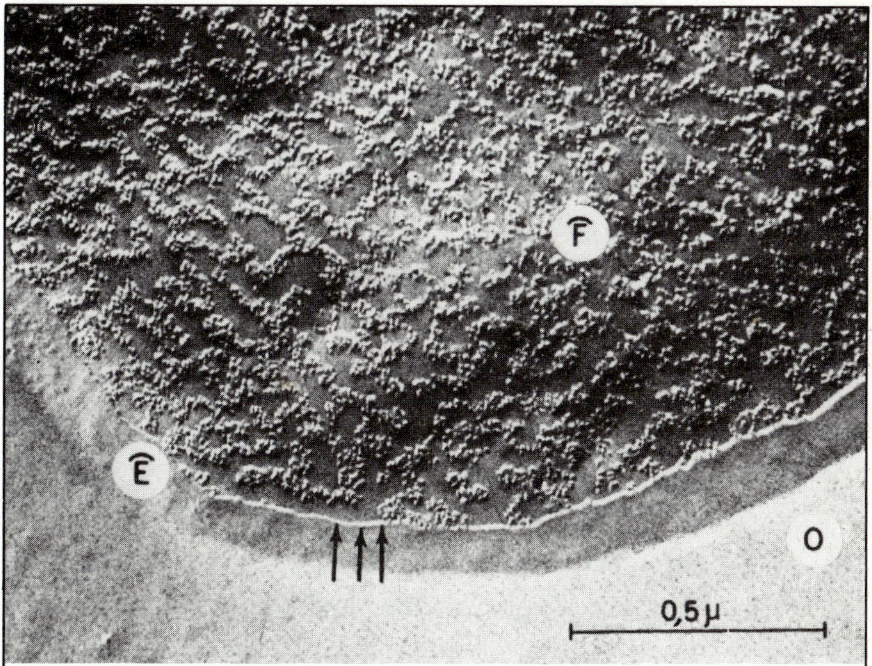

Figure 7
Image obtenue, en microscopie électronique, après cryodécapa-ge, de la membrane cytoplasmique de globule rouge humain. On voit autour de la membrane la glace (O) puis la surface externe de la membrane (E) et le plan interne (fracturé) de la membrane cytoplasmique (F). Cette surface de fracture montre un fond lisse parsemé d'un très grand nombre de particules.
Cliché D. Branton, publié avec l'aimable permission de l'auteur et du *Journal of Cell Biology.*

5. Une définition condensée

En conclusion de ce chapitre d'approche, le lecteur peut se rendre compte que l'objet biologique "membrane" n'est pas facile à appréhender simplement. Nous risquerons cependant une définition condensée, reprenant brièvement tout ce qui a été précédemment exposé.

Une membrane biologique est un ensemble de molécules délimitant la frontière d'un territoire cellulaire particulier. Cette frontière "vivante" fonctionne sur le plan structural comme séparateur de compartiments différents à l'intérieur de la cellule (ou bien en isolant la cellule du milieu environnant) et sur le plan métabolique pour dissocier les diverses activités biochimiques de la cellule. Cette compartimentation de la masse cellulaire introduite par les membranes est souple, variable, changeante avec le temps : plasticité, extension, invagination, coalescence, possibilité de fusion entre elles, sont des propriétés communes à toutes les biomembranes. Les membranes ont pour fonction essentielle de contrôler les flux transmembranaires d'échanges de substances : la perméabilité des membranes cellulaires, régie par des lois très complexes, est leur propriété physiologique fondamentale. L'ensemble des molécules formant les membranes est un agrégat de lipides et de protéines liés par un grand nombre de liaisons physiques de faible énergie (non-covalentes). Les molécules membranaires sont toujours arrangées de façon à ce qu'une zone hydrophobe centrale, formant le coeur de la membrane, soit entourée de part et d'autre par des zones plus hydrophiles au contact des fluides aqueux intra- ou extracytoplasmiques. La structure membranaire, fragile mais isolable de la masse cellulaire, présente, en microscopie électronique, un aspect morphologique typique : image tripartite sur coupes ultrafines, fond lisse parsemé de particules après cryo-décapage.

La définition avancée ci-dessus reprend les principaux faits expérimentaux apportés par les divers spécialistes étudiant les membranes à l'aide de leurs technologies spécifiques : le morphologiste utilise le microscope électronique ; le chimiste extrait et sépare les molécules constituant les membranes ; le physiologiste étudie le franchissement de ces structures par les molécules. Cependant la démarche scientifique impose d'aller au-delà de la simple énumération des faits expérimentaux concernant les membranes : il faut comprendre les rapports existant entre ces faits. Il faut par exemple expliquer l'origine des images tripartites en fonction de la nature chimique des constituants membranaires ; il faut relier les images tripartites (observées sur coupes ultrafines en microscopie électronique classique) aux images fournies par la microscopie après cryo-décapage ; il faut aussi expliquer, en termes d'interactions moléculaires, les lois de la perméabilité sélective des membranes ou bien celles du transport actif. Pour établir tous ces rapports entre les faits expérimentaux, pour évoquer ces interactions moléculaires, il faut construire des *modèles moléculaires de membrane.*

6. Intérêt des modèles moléculaires

Il importe de bien souligner ici la nature de l'opération intellectuelle qui permet de proposer un modèle : il s'agit avant tout d'un intense effort *d'imagination.* Le modèle moléculaire de membrane n'est détectable par aucun instrument, aussi sophistiqué soit-il : microscope électronique, diffracteur de rayons X... Les outils les plus perfectionnés des biologistes ne leur fournissent que des données expérimentales : nombreuses, précises, quantifiées parfois, mais éparses. Il appartient au biologiste de rassembler toutes ces données, de les ordonner et d'en faire la synthèse dans une proposition de construction architecturale, agençant d'une manière particulière les divers constituants connus des biomembranes. Cependant, à l'origine de toute nouvelle proposition de modèle, se trouvent souvent des données expérimentales originales fournies par une nouvelle technique d'observation ou d'expérimentation, révolutionnant le plus souvent le champ du savoir acquis précédemment. Ainsi les modèles se suivent et ne se ressemblent pas parce que les scientifiques tirent de leurs instruments des données toujours plus riches et plus complexes. Il est donc utile de souligner, dès maintenant, les *contraintes* énormes qui pèsent sur toutes les propositions d'agencement moléculaire qu'un biologiste peut être tenté de faire.

Les modèles proposés doivent être cohérents *du point de vue physico-chimique* : une membrane est une structure de compartimentation d'une masse aqueuse et telle que les couches les plus extérieures des membranes, au contact de l'eau, ne peuvent être qu'*hydrophiles*. Comme les principaux constituants membranaires (lipides et protéines) renferment des parties de leurs molécules *hydrophobes*, les modèles proposés devront obligatoirement préserver de l'eau ces parties hydrophobes. L'agencement des constituants sera tel qu'un grand nombre de liaisons physiques de faible énergie puissent maintenir cohérents les complexes lipoprotéiques. La morphologie habituelle des membranes impose d'autres contraintes : le modèle doit être "paucimoléculaire" en épaisseur ; sa structure globale sera bidimensionnelle. Quand vers 1950, la microscopie électronique donnera les premières images tripartites des membranes, les bons modèles devront faire comprendre comment on peut observer une telle image.

Mais la contrainte la plus forte reste sans conteste la *contrainte biologique*. Toute membrane est à la fois barrière de diffusion et lieu de passage privilégié pour les échanges entre compartiments cellulaires. Tout modèle moléculaire doit donc être *fonctionnel*. Cette contrainte biologique complique singulièrement les tentatives de reconstitution de membranes à partir de matériaux chimiques élémentaires ; les édifices statiques doivent s'effacer devant des ensembles plastiques, dynamiques, en équilibre instable. Le mouvement des molécules à l'intérieur même de la structure doit permettre de faire apparaître les propriétés d'échanges liées aux membranes.

Autant dire tout de suite qu'aucun modèle proposé jusqu'à présent n'a pu rendre totalement compte de la structure membranaire. Ce que l'on peut dire, cependant, c'est qu'un progrès manifeste imprègne la série des modèles successifs que l'on a proposés depuis 1925. Les modèles contemporains présentent toutefois une nette supériorité sur les modèles antérieurs parce qu'ils sont utiles aux physiologistes : ils leur permettent de travailler. Sur de tels modèles, le neurophysiologiste simulera l'onde de dépolarisation accompagnant le passage de l'influx nerveux ; le bioénergéticien calculera les différences de pH liées aux transferts d'électrons intramembranaires ; l'immunologiste repèrera les groupes antigéniques, leur mobilité, leur association.

Les scientifiques ne se laissent jamais prendre au piège de la "vérité" de leur propre modèle : ils le soumettent à la critique de la communauté des chercheurs. Leurs collègues sont souvent impressionnés par la cohérence et la beauté de l'agencement moléculaire proposé. Tel modèle célèbre a pu acquérir un retentissement énorme, mondial. Mais patiemment, les grignoteurs de faits nouveaux, les expérimentateurs inlassables, soumettent les modèles les plus prestigieux à l'épreuve de la prédiction expérimentale. Et jusqu'à ce jour, il a bien fallu que tous les modèles, les uns après les autres, cèdent la place à de meilleures constructions scientifiques. L'histoire des modèles moléculaires de biomembranes illustre ainsi clairement le progrès des connaissances dans une discipline scientifique.

CHAPITRE III

Naissance du concept de membrane cellulaire

Il est difficile d'imaginer aujourd'hui comment les premiers biologistes pouvaient envisager des êtres vivants sans membranes cellulaires. Et pourtant, la polémique scientifique sur l'existence ou non d'une "utricule" autour de chaque cellule fut longue et vive au cours du dix-huitième siècle. Rappelons quelques faits.

Vers 1650, Leuwenhoeck, un savant hollandais opticien et biologiste, met au point à Delft le premier bon microscope : il observe pour la première fois, sans en donner aucune interprétation correcte, des cellules sanguines, des spermatozoïdes humains... Il ne lui vient pas à l'idée qu'il puisse s'agir là de cellules : il parle plutôt d'"animalcules"...

Le mot "cellule" (petite chambre de moine) fut employé pour la première fois par un botaniste anglais, Robert Hooke, en 1665 dans une publication intitulée *Micrographia*. Ce botaniste, utilisant le microscope, tout juste découvert, examinait de nombreux objets sous ses lentilles : il observa ainsi un morceau de liège détaché du tronc d'un arbre. Ce fragment de tissu lui apparut formé d'une juxtaposition de petites logettes rectangulaires, les cellules justement. Comment ne pas relever l'ironie cachée dans cette découverte si riche d'avenir ? Le liège est un tissu mort. Les logettes observées par R. Hooke n'étaient que des creux vides, les cellules vivantes les ayant occupés au moment de la formation du liège étant toutes mortes en fin de différenciation du tissu. Et les pseudo-cellules de R.Hooke n'étaient donc nullement bordées par des membranes vivantes, mais par les parois cellulosiques imprégnées de matières grasses (parois suberifiées) formant le liège. Cette "fausse découverte" de la cellule lança cependant toute une série de travaux sur des tissus bien vivants, animaux ou végétaux, dans lesquels tous les biologistes s'efforcèrent de retrouver les "logettes" ou "cellules" de Hooke. Aussi l'idée de la cellule, unité constitutive de toute matière vivante, se retrouve dans la fibre de Haller et Bonnet (1757), dans les "utricules" de Brisseau-Mirbel, dans les "vésicules élémentaires" de Oken, dans les "globules" de Milne-Edwards et de Dutrochet. La généralisation s'imposa en 1839 : deux biologistes allemands, Schleiden et Schwann, le premier botaniste et le second zoologiste, fondent la *théorie cellulaire* : tout être vivant, de la bactérie à l'éléphant, est formé d'une ou plusieurs cellules ; la cellule est l'unité d'organisation, de fonctionnement et de reproduction de la matière vivante. Et c'est en 1858 que le biologiste russe Virchow publie son célèbre aphorisme : "Toute cellule naît d'une cellule préexistante". Il va sans dire que ce que, au siècle dernier, l'on ne désignait encore avec prudence que du nom de *théorie cellulaire* est devenu aujourd'hui un des concepts fondamentaux de la biologie contemporaine : tous les êtres vivants, sans aucune exception connue, sont formés de cellules. Il n'y a plus de théorie cellulaire : il y a le fait universel de l'organisation cellulaire des êtres vivants.

Il restait aux biologistes à décrire ce nouvel "objet scientifique". La diversité extrême des types cellulaires existants est vite reconnue : cellules microscopiques des bactéries, cellules relativement "géantes" de certaines algues (plusieurs centimètres de long), de certains oeufs de poissons ou d'oiseaux, cellules nerveuses - certaines cellules nerveuses (ou neurones) de vertébrés supérieurs peuvent avoir plus d'un mètre de long - , cellules mobiles, cellules fixes entourées d'épaisses parois chez les végétaux, etc. La mise en évidence des caractères communs à toutes les cellules - caractères communs qui fondent l'unité de la biologie - fut le fruit de recherches qui se poursuivirent jusqu'au vingtième siècle.

Mais au milieu du dix-neuvième siècle, alors que vient d'être formulée la théorie cellulaire, la première question fut la suivante : les cellules des êtres vivants étaient-elles, oui ou non, individualisées les unes des autres, séparées par une cloison, ou bien juxtaposées en une masse plus ou moins indivise ? La lecture des mémoires de l'époque ne laisse pas de surprendre tant les avis étaient partagés sur ce point et si nombreux étaient les arguments invoqués pour l'une ou l'autre thèse. La misc au net des idées sur cet important problème fut l'oeuvre d'un biologiste autrichien, Carl Nägeli, qui publia à Zurich, en 1855, le tome I d'un traité de *Recherches en physiologie végétale* (*Planzenphysiologiche Untersuchungen*). Cet ouvrage scientifique, rare et ancien, existe encore aujourd'hui en quelques exemplaires, et sa consultation reste riche d'enseignements. Nägeli était à la fois un observateur et un expérimentaliste. De nombreuses planches illustrent son ouvrage. Il est tout à fait surprenant de voir comment, lorsque Nägeli observe et dessine ce qu'il voit sous le microscope, les idées préconçues qui dominaient son esprit lui font dessiner des structures manifestement inexactes, irréelles. C'est ainsi qu'observant sous le microscope un fragment de feuille, il voit fort bien trois cellules contiguës dans le champ du microscope ; les chloroplastes, petits organites ovoïdes, verts, présents dans le cytoplasme latéral de chaque cellule, sont parfaitement reconnus ; le mouvement de cyclose (lente rotation de ces chloroplastes) autour des cellules foliaires n'a pas échappé à l'observateur ; le centre de chaque cellule est occupé par une grande vacuole aqueuse. Mais Nägeli n'avait pas en tête l'idée que les cellules foliaires étaient séparées les unes des autres par une membrane périphérique (ni même par une paroi). Si bien qu'il produit un curieux dessin (reproduit à la fig. 8) où l'on voit une rangée de chloroplastes latéraux à une cellule "chevaucher" carrément la limite entre deux cellules contiguës et "appartenir" en fait, à l'une et l'autre. Les dessins les plus cocasses sont ceux des chloroplastes situés aux points de convergence de trois cellules : Nägeli se tire de la difficulté en donnant aux chloroplastes une forme en étoile à trois branches, si bien que le même chloroplaste peut appartenir à trois cellules à la fois !

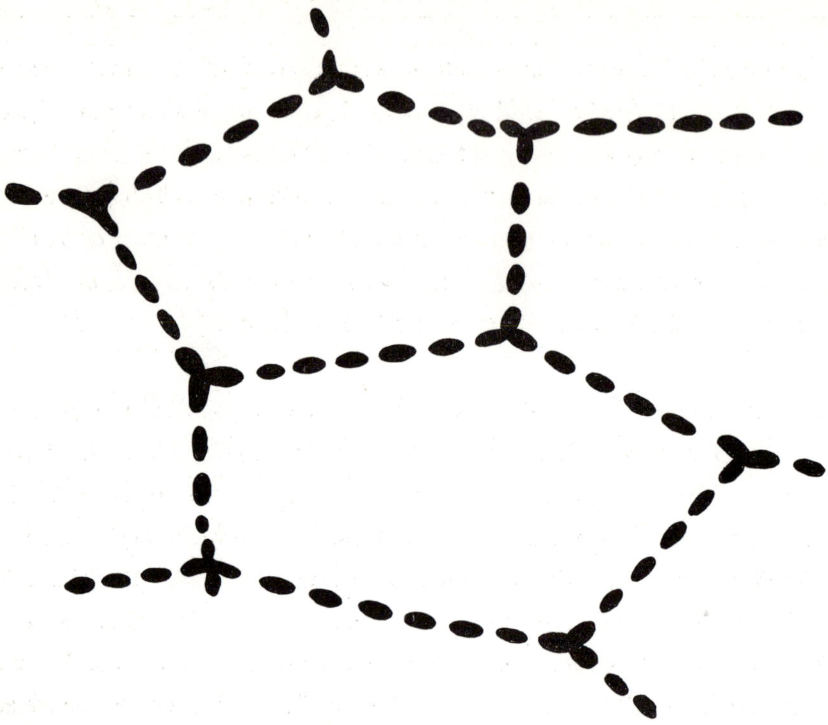

Figure 8
Dessin de C. Nägeli (1855). Ce dessin représente trois cellules foliaires contiguës observées sous le microscope. Les chloroplastes du cytoplasme latéral des cellules sont bien observés mais l'auteur, n'ayant pas encore produit le concept de membrane cellulaire, séparant deux cellules contiguës, dessine chaque rangée de chloroplastes «à cheval» sur la limite de deux cellules. On remarquera aussi, aux angles, les curieux chloroplastes «étoilés» nécessités par les idées préconcues de l'auteur sur l'absence de membrane. L'observation seule (sans l'expérimentation associée) ne suffit pas, le plus souvent, à rendre compte de la réalité.

Loin de nous toutefois l'idée de tourner en dérision l'oeuvre scientifique de Nägeli. C'est en effet ce même savant qui a introduit pour la première fois, et dans le même livre, le concept et le terme de *membrane cellulaire*. Sa gloire est donc bien établie. Ce que l'on peut simplement montrer, en discutant ce premier dessin d'observation microscopique de C. Nägeli, c'est que l'observateur scientifique ne peut quasiment jamais voir simplement et objectivement la réalité : dans sa perception visuelle de l'image, fait brut expérimental, se glisse toujours - généralement à son insu - un cadre conceptuel préétabli qui accueille le fait d'observation ; le plus souvent ce fait d'observation se trouve plié, déformé conformément aux idées préconçues de l'observateur. L'honnêteté du scientifique n'est pas en cause dans cette affaire : disons simplement que l'image formée sur la rétine du scientifique est forcément analysée par "l'ocil dc l'csprit".

L'attitude plus active de l'expérimentateur lui donne plus de chances de proposer une image plus proche de la réalité. C'est dans le même traité de physiologie végétale de Nägéli qu'apparaît le mot "membrane", à côté d'une planche magnifique dont quelques dessins d'observation microscopique sont présentés à la figure 9. Or ce concept de "membrane" (enveloppe entourant la masse cellulaire) a été forgé à la suite d'une expérimentation, d'une action sur la matière vivante. L'expérimentation conduite par Nägéli était extrêmement simple. Il a tout d'abord coloré des lambeaux de tissus végétaux, le plus souvent des lambeaux d'épiderme arrachés à la pince, par un certain nombre de colorants utilisés alors en microscopie (nous ne sommes qu'au début de la cytologie expérimentale). Certains de ces colorants, comme le rouge neutre, ne tuent pas les cellules qu'ils imprègnent et se localisent dans les vacuoles ; d'autres, comme le bleu de Prusse, sont plus toxiques et envahissent tout le cytoplasme, mais n'entraînent cependant pas une dislocation totale de l'ensemble cellulaire. Puis ces lambeaux de tissus colorés ont été plongés dans des solutions salines concentrées (hypertoniques). Dans ces conditions, les lois physiques de l'osmose commandent des mouvements d'eau spontanés, des régions les moins concentrées (ce sont les fluides cellulaires) vers des régions les plus concentrées (les solutions salines externes). A la suite de ces échanges osmotiques, les cellules végétales se sont donc progressivement vidées d'une grande partie de leur eau ; elles se sont condensées sur elles-mêmes en diminuant de volume. Ce phénomène de rétraction des cellules est aujourd'hui étudié : c'est la plasmolyse.

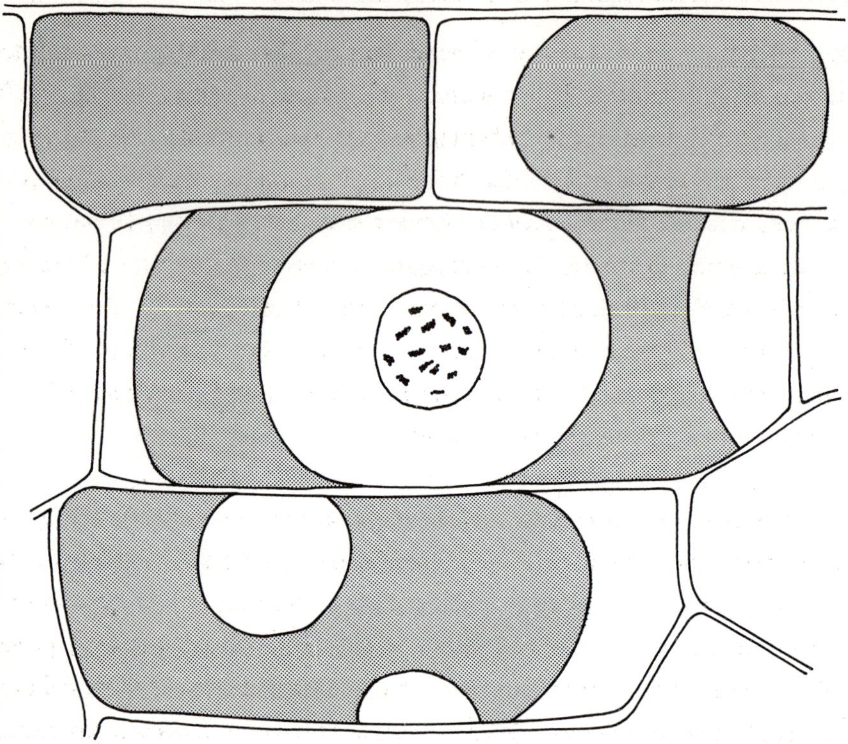

Figure 9
Figures de plasmolyse de cellules végétales colorées, dessinées par Nägeli (1855). Les parois cellulosiques des cellules apparaissent nettement. Les cellules rétractées sur elles-mêmes n'occupent plus tout l'espace délimité par le cadre cellulaire. Le colorant ne franchit pas librement la limite externe du cytoplasme : la zone périphérique frontière qui s'oppose à la diffusion libre des molécules de colorant hors du cytoplasme est la *membrane* cellulaire.

Ce que Nägeli observa alors, sous le microscope, l'intéressa beaucoup (fig. 9). Les cellules végétales apparurent d'abord nettement séparées par leur parois cellulosiques : on retrouvait les logettes de Robert Hooke, mais cette fois, le contenu cellulaire était intact. De plus, l'intérieur de chaque paroi, le cytoplasme, coloré et contracté sur lui-même par le départ de l'eau, n'occupait plus tout le volume qu'il occupait primitivement lorsque les lambeaux d'épiderme étaient simplement maintenus dans de l'eau pure. Le fait qui étonna le plus Nägeli - et il fit preuve en la circonstance de beaucoup de perspicacité - c'est que les colorants (bleu ou rose) suivaient la rétraction du cytoplasme au cours de la plasmolyse. Or l'espace laissé vide par la contraction du cytoplasme n'était pas du tout envahi par les colorants. Nägeli en déduisit que les colorants, ayant pénétré à l'intérieur des cellules, n'étaient plus aptes à diffuser librement dans l'espace péricellulaire : une structure enveloppant la cellule s'opposait à la diffusion libre des molécules de colorants à l'extérieur. Cette structure-enveloppe / barrage de diffusion, Nägeli propose de l'appeler *membrane cellulaire*.

Il est bon d'insister, pour saluer la naissance de ce très beau concept biologique, sur la démarche intellectuelle qui en permit la formulation. C'est à partir du moment où Nägeli a cessé d'observer simplement avec son microscope, à partir du moment où il a expérimenté directement sur les lambeaux d'épiderme, qu'une idée formidablement nouvelle pour son temps s'est imposée à lui : les cellules sont bordées de membranes. Cela se passait il y a 130 ans, mais la leçon mérite encore d'être méditée.

La proposition de Nägeli de l'existence d'une enveloppe isolant partiellement la cellule du milieu extérieur est aujourd'hui adoptée par tous les biologistes : "Toute cellule possède au moins une membrane, la membrane plasmique (ou plasmalemme) et les cellules des êtres supérieurs recloisonnent la masse de leur cytoplasme par un grand nombre d'endomembranes".

CHAPITRE IV

Le modèle de Gorter et Grendel (1925)

Nous avons donc vu le concept de "membrane biologique" s'introduire dans l'image que les biologistes pouvaient se faire de l'organisation cellulaire vers 1855. C'est bien le plasmalemme des cellules qui fait ainsi son entrée sur la scène de la recherche biologique et c'est donc à la composition et à la structure du plasmalemme que vont d'abord s'intéresser les chercheurs.

A partir de ce moment, l'ambition profonde de tout "membranologiste" est de proposer un modèle cohérent et fonctionnel pour l'agencement des molécules constitutives des membranes. Le premier modèle proposé pour ces structures (invisibles au microscope à lumière) fut celui de Gorter et Grendel, en 1925. Cependant, et avant de le décrire, il est nécessaire de préciser brièvement les apports de quelques précurseurs de Gorter et Grendel, ayant travaillé entre 1855 et 1925, retraçant ainsi la "préhistoire" des modèles moléculaires de membranes.

1. La perméabilité sélective

Le nom de W. Pfeffer se détache dans les années suivant la découverte des membranes par Nägeli. Dans le traité de *Physiologie végétale* qu'il publia vers 1899, on peut constater d'abord que la notion de membrane a été acceptée dès sa découverte par la communauté scientifique. Pfeffer, quant à lui, montre le caractère "semi-perméable" des membranes cellulaires : perméabilité aux petites molécules d'eau ou de sels dissous, et relative imperméabilité aux plus grosses macromolécules. Les propriétés osmotiques des cellules (turgescence après entrée d'eau massive en provenance d'un milieu hypotonique, plasmolyse après sortie d'un flux d'eau vers le milieu hypertonique) sont dues au caractère semi-perméable des membranes cellulaires. «La qualité de la membrane-enveloppe, c'est-à-dire de la membrane cellulaire, décide si un corps peut pénétrer dans l'intérieur de la cellule... Dans ce système, tous les cristalloïdes passent par diosmose au travers de la membrane cellulaire, aussi facilement qu'au travers d'une vessie animale, tandis que la membrane plasmatique arrête beaucoup de matières et les empêche ainsi de pénétrer dans le protoplasma.» Ces vues sur les échanges osmotiques et le caractère semi-perméable des membranes étaient étayées de nombreuses observations ou expériences. Rien ne les a démenties depuis. En effet, Pfeffer tirait déjà de ses découvertes les considérations suivantes : «… la membrane plasmatique possèdera, en général, une épaisseur très petite et impossible à mesurer ; théoriquement, pour réaliser les phénomènes diosmotiques, il peut y avoir une enveloppe moléculaire simple ou double… Les substances constitutives de la membrane plasmatique ne sont pas bien connues exactement, mais les matières protéiques ont, au moins, une part essentielle dans sa constitution…»

Un autre précurseur important de Gorter et Grendel fut Overton, contemporain de Pfeffer (ses principales publications datent de 1899). Overton s'est surtout intéressé aux constituants *lipidiques* des membranes : il fut même le premier à attirer très fortement l'attention des biologistes sur la vraisemblable richesse en lipides des membranes. Les raisonnements d'Overton fournissaient sur ce sujet plus d'arguments indirects que de preuves expérimentales directes. Overton faisait remarquer d'abord que les substances très lipophiles (huileuses ou très solubles dans l'huile : vaseline, huile de paraffine, cires et baumes divers) pénétraient très facilement dans les cellules, ce qui laissait deviner que le barrage de diffusion constitué par la structure membranaire devait être lui-même constitué de molécules assez miscibles aux huiles. Mais parmi tous les arguments développés par

Overton, le plus en faveur de la nature lipoïque des membranes cellulaires était celui-ci : tous les solvants des graisses (chloroforme, éther, alcool, acétone...) pénètrent très facilement et très rapidement dans les cellules. A la fin du dix-neuvième siècle, on pratiquait en effet les anesthésies avant intervention chirurgicale en endormant les patients au chloroforme ou à l'éther. Overton fut le premier à postuler que l'effet anesthésiant résultait de la rapide pénétration des molécules de chloroforme ou d'éther au coeur des cellules nerveuses : les membranes de ces cellules n'offraient aucune résistance au franchissement des anesthésiques parce qu'elles étaient de nature lipoïque, donc solubles dans le chloroforme ou l'éther !

Ainsi le début du vingtième siècle voit se mettre progressivement en place les éléments qui permettront de formuler la première proposition de modèle moléculaire. L'aspect "bidimensionnel" des structures membranaires a été souligné, ainsi que l'importance de leurs constituants lipidiques. Enfin, leur perméabilité sélective vis à vis des substances huileuses est une donnée acquise. Terminons cette "préhistoire des modèles moléculaires de membranes" en citant les noms de deux micromanipulateurs du début du siècle : Chambers et Plowe. Ces scientifiques forgèrent les microinstruments de chirurgie cellulaire (microscalpels, microaiguilles, micropinces...) qui leur permirent de travailler dans le champ du microscope en démultipliant très lentement leurs mouvements à l'aide de relais pneumatiques. En dilacérant ainsi la surface cytoplasmique de diverses cellules animales, ils mirent en évidence à la périphérie des cellules une zone protoplasmique un peu plus rigide que le reste du protoplasme, de très faible épaisseur, qu'ils nommèrent "ectoplasme". Rétrospectivement, cette approche expérimentale directe de la structure cellulaire peut être jugée aujourd'hui assez malheureuse : Chambers et Plowe eurent tendance à réduire la membrane cytoplasmique à une partie quelque peu figée sur sa périphérie de la masse fondamentale très fluide du cytoplasme. Cette vision est de nos jours totalement abandonnée. La membrane péri-cellulaire (membrane plasmique ou plasmalemme) est bel et bien une structure cellulaire indépendante, isolable expérimentalement, de composition biochimique bien définie et possédant une architecture moléculaire caractéristique. La puissance du raisonnement scientifique de deux chercheurs hollandais, Gorter et Grendel, leur permit d'établir ces faits sans conteste dès 1925.

2. Les phospholipides membranaires

Gorter et Grendel travaillaient sur les globules rouges humains, cellules qu'il est facile de se procurer. Après de courtes centrifugations de petites quantités de sang, les cellules tombent en effet au fond du pot de centrifugation et le plasma surnage. Les cellules peuvent ensuite être remises en suspension dans un liquide physiologique adéquat et des parties aliquotes de la suspension sont aisément étudiées sous le microscope.

En premier lieu, ces globules rouges ou érythrocytes humains ont une très petite taille : chaque cellule est un disque biconcave de 7 μm de diamètre, de 4 μm d'épaisseur sur les bords et de 2 μm d'épaisseur au centre (fig. 10). La géométrie des globules rouges est parfaitement régulière et les milliers de globules contenus dans quelques gouttes de suspension se ressemblent parfaitement. Mais ces cellules sanguines sont aussi extraordinairement différenciées : elles ont perdu leur noyau et tout organite ou toute membrane endocellulaire. Ce sont donc de petits disques entourés d'une membrane péricellulaire, contenant seulement dans leur cytoplasme une solution colloïdale d'*hémoglobine*. Ce pigment rouge du sang joue un rôle capital dans la respiration en se combinant à l'oxygène au niveau des poumons et en transportant cet oxygène dans le sang artériel vers toutes les cellules ; au niveau des cellules, l'hémoglobine échange l'oxygène indispensable à la respiration contre du gaz carbonique, véritable déchet de l'activité respiratoire. Or l'hémoglobine ne peut s'échapper de la cellule sanguine puisque celle-ci est entourée (totalement enveloppée même) par une membrane péricellulaire ou plasmalemme. C'est de ce plasmalemme justement, invisible au microscope optique, rappelons-le, que Gorter et Grendel fournirent un modèle moléculaire.

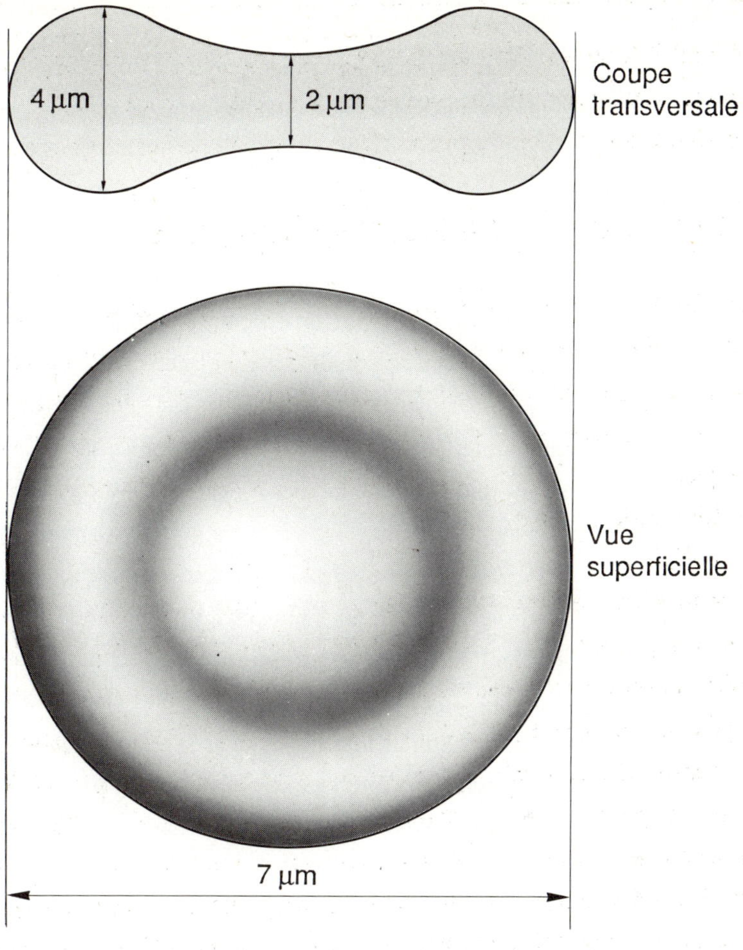

Figure 10
Le globule rouge (ou érythrocyte) du sang humain. On note la géométrie parfaitement régulière de ce type de cellule.

Ils prirent une partie aliquote d'une suspension de globules rouges et, à l'aide d'un hématimètre, comptèrent exactement sous le microscope le nombre de cellules contenues dans la suspension. Profitant ensuite de la géométrie très régulière de chaque cellule, ils établirent la formule mathématique qui donnait la *surface* du petit disque biconcave représentant l'érythrocyte humain. Cette formule établie, ils purent calculer exactement la surface (en μm^2) du nombre exact de globules rouges contenus dans la suspension étudiée.

Gorter et Grendel, reprenant alors les idées avancées avec force par Overton, présumèrent que les lipides - et même plus précisément les phospholipides - constituaient les molécules principales, sinon uniques, des membranes péricellulaires de globules rouges. Ils firent donc l'extraction des phospholipides membranaires couvrant les globules de la suspension étudiée par un traitement à l'acétone. Exploitant une propriété des molécules de phospholipides qui venait d'être mise en évidence, leur caractère amphiphile (ou amphipolaire - voir chapitre II), Gorter et Grendel étalèrent l'extrait lipidique des globules rouges - c'est-à-dire essentiellement les phospholipides membranaires - à la surface d'une cuve à eau. Placées en milieu aqueux, les molécules de phospholipides se trouvent en effet en position très instable : leur longues chaînes d'acides gras, hydrophobes, ne peuvent subsister longtemps à l'intérieur de la masse aqueuse formée d'innombrables petites molécules d'eau ($H^{\partial+} — O^{\partial-} — H^{\partial+}$) analogues à des dipôles électriques. De ce fait, les molécules de phospholipides introduites dans la cuve à eau, reviennent bien vite à la surface et prennent, à l'interface eau/air, une disposition caractéristique qui les rétablit en position d'équilibre électrique : les restes d'acides gras

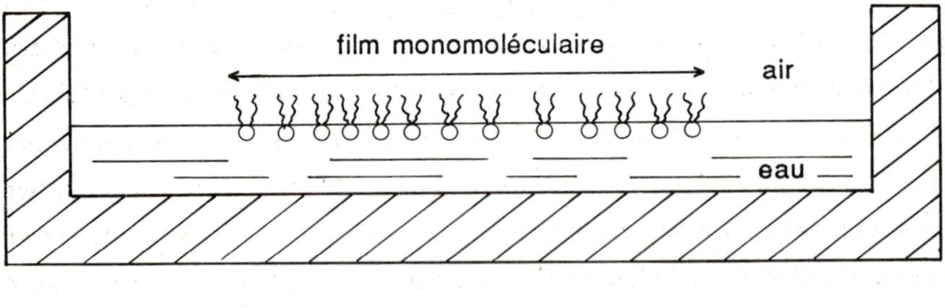

Figure 11
Etalement, en film monomoléculaire, des phospholipides des globules rouges, à la surface de la cuve à eau.

pointent dans l'air, hors de l'eau, tandis que les "têtes polaires" des molécules de phospholipides (c'est-à-dire leurs résidus phosphorylés contenant les charges électriques) peuvent fort bien plonger dans la masse aqueuse (fig. 11). De nombreuses interactions électrostatiques (ou tout au moins des liaisons polarisées du type "liaison hydrogène") peuvent facilement s'établir entre les "têtes polaires" des phospholipides et les molécules d'eau environnantes. Bien entendu, cette disposition caractéristique ("tête polaire" plongeant dans l'eau et "queue hydrophobe" pointant dans l'air, hors de l'eau) concerne *toutes* les molécules de phospholipides qui viennent ainsi se placer les unes à côté des autres à l'interface eau/air de la cuve à eau. L'une des conséquences de cette disposition est le relâchement des attractions électrostatiques que les molécules d'eau de la surface exerçaient mutuellement les unes sur les autres. On constate que la "tension superficielle" de la cuve à eau s'abaisse : les molécules de phospholipides sont donc dites tensio-actives.

Cependant, le résultat le plus important observé par Gorter et Grendel fut le suivant : toutes les molécules de phospholipides membranaires venues se placer côte à côte à l'interface eau/air formaient une fine pellicule couvrant une partie de la surface de l'eau de la cuve et ayant exactement une molécule d'épaisseur. Les phospholipides membranaires introduits dans la cuve à eau formaient donc à la surface du liquide un *film monomoléculaire* , c'est à dire ayant une molécule d'épaisseur. Gorter et Grendel mesurèrent la surface de ce film monomoléculaire, à l'aide de divers procédés expérimentaux : par exemple, en découpant un papier ayant exactement la même surface que le film monomoléculaire, repérable à la surface de l'eau notamment par un éclairage latéral ; le papier était ensuite pesé et sa surface mesurée en divisant sa masse par celle d'un cm^2 du même papier. Pour mieux repérer le film monomoléculaire de phospholipides à la surface de la cuve à eau, la surface du liquide fut parsemée de légers flocons de talc : ceux-ci étaient déplacés par les phospholipides introduits dans la cuve, rendant ainsi les contours du film monomoléculaire parfaitement repérables. Utilisant ces divers procédés, Gorter et Grendel purent donc mesurer la surface du film monomo–

léculaire formé par les phospholipides extraits des globules rouges initiaux : ils trouvèrent pour ce film une surface exactement égale au double de la surface calculée pour la membrane cellulaire des globules rouges.

3. Le modèle

Le résultat obtenu tenait du paradoxe : il y avait apparemment dans les globules rouges deux fois plus de phospholipides qu'il n'était nécessaire pour recouvrir leur surface d'un "film monomoléculaire" ! Gorter et Grendel levèrent ce paradoxe par une proposition géniale dont l'importance n'est toujours pas démentie soixante ans plus tard ! Les auteurs hollandais proposèrent, tout simplement, de considérer que *la surface des globules rouges n'était pas couverte d'un seul film monomoléculaire de phospholipides, mais de deux films superposés.* Il devenait ainsi parfaitement possible d'étaler tous les phospholipides extraits en superposant deux molécules de phospholipides en chaque point de la surface cellulaire. De là naquit le *premier modèle moléculaire* de biomembrane. Pour en achever la construction, Gorter et Grendel devaient encore disposer les molécules de phospholipides dans les deux films superposés, de telle façon que l'ensemble fût cohérent du point de vue physique et électrique. En particulier, les zones hydrophobes des molécules amphipolaires ne pouvaient pas toucher les zones hydrophiles (chargées ou polarisées) d'autres molécules. Les auteurs proposèrent l'agencement du *feuillet bimoléculaire* (ou bicouche) de phospholipides dans lequel les deux films monomoléculaires superposés sont symétriques par rapport à une ligne médiane marquant le milieu de la structure bimoléculaire (fig. 12). Au centre du feuillet bimoléculaire, les parties hydrophobes des molécules (les restes d'acides gras) s'affrontent : le contact entre parties hydrophobes de diverses molécules s'établit facilement et il se forme même un grand nombre de liaisons physiques de faible énergie (dites justement liaisons hydrophobes) entre ces résidus moléculaires apolaires séquestrés à l'abri de l'eau. De part et d'autre du feuillet bimoléculaire, donc à la surface de la structure membranaire et au contact des

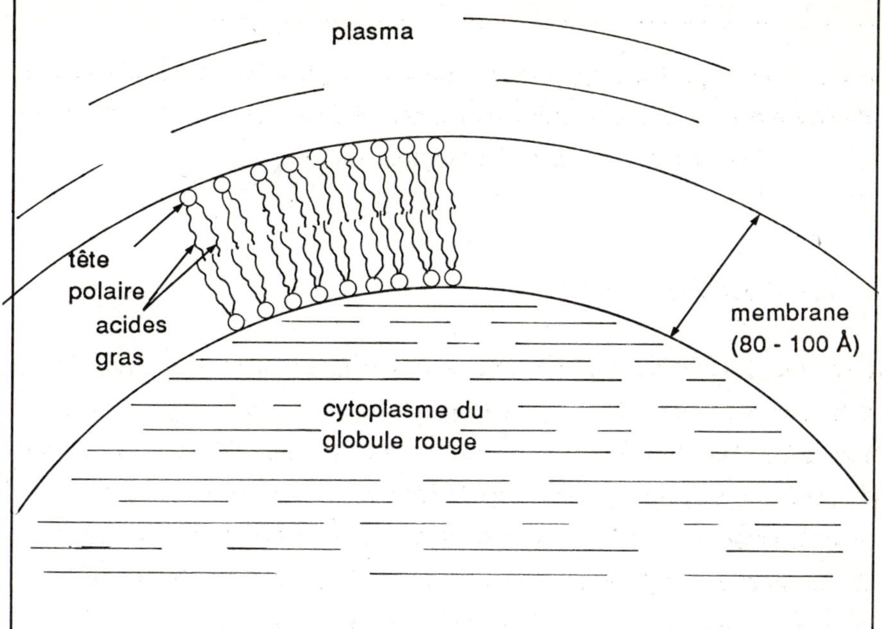

Figure 12
Le modèle de Gorter et Grendel (1925) pour la structure moléculaire de la membrane des globules rouges. Apparition du concept du feuillet bimoléculaire de phospholipides.

phases aqueuses - fluide aqueux du plasma ou du milieu de suspension à l'extérieur, fluide aqueux du cytoplasme à l'intérieur - se trouvent les têtes polaires des molécules de phospholipides qui peuvent parfaitement nouer des interactions électrostatiques stables avec les molécules d'eau avoisinantes. Le modèle est parfaitement cohérent physiquement ; il n'a que deux molécules de phospholipides en épaisseur, soit 80 à 100 Å. Ce sont bien là des dimensions inférieures à la limite de résolution du microscope optique. Enfin, la partie centrale hydrophobe du feuillet bimoléculaire proposé par Gorter et Grendel rend compte des deux caractéristiques fondamentales des membranes biologiques : 1) une région hydrophobe joue bien le rôle d'un barrage de diffusion s'opposant à la libre circulation des molécules dissoutes dans l'eau, de l'intérieur vers l'extérieur de la cellule ou réciproquement 2) ce barrage de diffusion essentiellement hydrophobe permet de comprendre la perméabilité sélective des membranes cellulaires vis à vis des substances huileuses ou lipophiles ; toute molécule facilement miscible aux acides gras du barrage hydrophobe pourra, bien entendu, passer plus facilement à travers les membranes cellulaires qu'une substance très soluble dans l'eau.

On ne peut que saluer le génie des deux pionniers hollandais qui sans machine électronique coûteuse, sans diffraction de rayons X, sans analyses prolixes de détails raffinés, sans mobilisation enfin d'aucune armée de chercheurs ou de techniciens, réussirent pourtant, par la seule puissance de leur raisonnement et de leur imagination, à fournir aux hommes le premier modèle moléculaire d'une structure biologique essentielle et pourtant si fine qu'aucun des microscopes les plus perfectionnés de l'époque n'était capable de la distinguer. Il faut également remarquer le choix particulièrement judicieux des cellules sur lesquelles portèrent les travaux de Gorter et Grendel : ces globules humains sont des cellules à ce point différenciées qu'elles ne possèdent plus qu'une seule membrane : la membrane péri-cytoplasmique. Cette particularité essentielle a permis à Gorter et Grendel d'extraire par l'acétone tous les phospholipides de la seule membrane existant dans les cellules étudiées. De là découle la netteté des résultats ultérieurs : la surface des cellules était exactement égale à la moitié de la surface du film monomoléculaire de phospholipides. Il est évident que de tels résultats n'auraient pu être obtenus si Gorter et Grendel avaient étudié n'importe quelle autre cellule d'être supérieur : aux phospholipides de la membrane péricellulaire seraient venus s'adjoindre les phospholipides de toutes les membranes endocellulaires (membranes du noyau, du réticulum endoplasmique, des mitochondries, etc.) et le rapport simple des surfaces (1 : 2) qui illumina si vivement l'esprit des auteurs hollandais n'aurait pas été obtenu. La chance joue quelquefois un certain rôle - modeste mais incontestable - dans la découverte scientifique.

Gorter et Grendel bénéficièrent d'un autre "atout" au cours de leurs travaux : les deux chercheurs avaient en effet établi pour la surface du globule rouge une formule mathématique légèrement inexacte : le résultat qu'ils obtenaient de cette façon était entaché d'une infime erreur par défaut. Gorter et Grendel ont donc systématiquement sous-estimé la valeur des surfaces de leurs globules rouges. Par bonheur, cette erreur s'est trouvée compensée par une autre erreur. L'extraction des phospholipides membranaires par l'acétone est en effet légèrement incomplète, la quantité de phospholipides ainsi recueillie étant un peu inférieure à la quantité *réelle* de lipides membranaires existant dans les membranes des globules rouges. Il s'ensuit que l'aire du film monomoléculaire obtenu en étalant les phospholipides extraits à l'acétone était aussi légèrement inférieure à l'aire réelle qui aurait été couverte si tous les phospholipides membranaires avaient été extraits. Ces deux erreurs se sont donc heureusement corrigées mutuellement : la surface calculée (légèrement inférieure à la réalité) était exactement la moitié de la surface mesurée.

On peut se féliciter du poids négligeable dans le progrès des connaissances de ces petites erreurs de détail. Il aurait été plus que fâcheux qu'un rapport des surfaces approximatif (1,2 : 2 par exemple, au lieu du magnifique 1 : 2) vînt jeter le doute sur la puissance du raisonnement de Gorter et Grendel. Félicitons-nous au contraire, du fait que ces erreurs soient passées complètement inaperçues à l'époque. La gloire de Gorter et Grendel qui proposèrent si élégamment le premier modèle moléculaire de membranes ne méritait pas d'être ternie par des considérations de détail, qui dans le fond ne remettaient pas en cause la justesse du raisonnement des deux chercheurs.

CHAPITRE V

Le modèle de Danielli
(1935-1960)

Deux biophysiciens anglais, Danielli et Davson, travaillant à Cambridge aux alentours des années 1930, vinrent bientôt remettre en question le modèle moléculaire de membrane tout juste proposé par Gorter et Grendel.

1. Un nouveau modèle intégrant les protéines membranaires

En effet, les physiciens des années 1930 se préoccupaient beaucoup des propriétés des interfaces : eau/air, eau/huile, etc. Un physicien français, Lecomte du Noüy, avait ainsi mis au point un petit appareil (un "tensiomètre") qui permettait de calculer la tension superficielle d'une interface. Cet appareil se composait essentiellement d'une petite plaque de platine reliée par un fil métallique à un système d'arrachement : la force nécessaire pour arracher la plaque de platine de l'interface permettait de mesurer la "tension superficielle" de l'interface considérée, en dynes par cm.

Pour mesurer plus aisément la tension superficielle des cellules vivantes, aux interfaces membrane-eau, Danielli et Davson se procurèrent d'abord des cellules "géantes" : ce furent principalement des oeufs de poisson, qui constituaient des objets manipulables et auxquels pouvait être appliqué le tensiomètre de Lecomte du Noüy. Danielli et Davson purent mesurer les tensions superficielles de diver–

ses cellules vivantes. Les valeurs obtenues étaient toutes relativement faibles (voisines de 0,2 dyne/cm), comparées par exemple à la valeur de la tension superficielle de l'eau : 70 dynes par cm à l'interface eau/air, ce qui intrigua fortement les deux biophysiciens anglais.

Ils crurent trouver une explication en considérant le modèle de membrane élaboré par Gorter et Grendel. Si la surface des cellules était recouverte, selon la proposition de ces deux chercheurs, d'une fine membrane huileuse, en fait la tension superficielle des cellules devait être équivalente à celle que l'on peut mesurer à une interface huile/eau. L'expérience de contrôle fut promptement réalisée : dans un récipient, Danielli et Davson superposèrent une couche d'huile de paraffine (plus légère que l'eau) et une couche d'eau pure. A l'aide du tensiomètre, ils calculèrent la tension superficielle à l'interface huile/eau et trouvèrent une valeur proche de 36 dynes par cm. Certes, cette tension superficielle était plus faible que celle de l'eau pure, mais la valeur trouvée était cependant 180 fois plus grande que les valeurs habituellement mesurées aux interfaces membranes cellulaires/eau. Deux conclusions embarrassantes se dégageaient de ces expériences : 1) le modèle de Gorter et Grendel assimilant la membrane cellulaire à une fine pellicule huileuse se trouvait pris en défaut, 2) les lipides seuls n'étaient pas suffisamment tensioactifs, c'est-à-dire n'abaissaient pas suffisamment la tension superficielle des membranes pour qu'on pût envisager qu'ils soient les seuls constituants présents à la surface des cellules.

Danielli et Davson se lancèrent alors à la recherche de constituants chimiques tensioactifs qui, ajoutés aux phospholipides, abaisseraient la tension superficielle des membranes jusqu'aux faibles valeurs mesurées (de l'ordre de 0,2 dyne par cm). Beaucoup de composés divers furent essayés : des stérols, des terpènes, divers pigments, des molécules d'huiles diverses. Finalement, les auteurs découvrirent avec surprise que les *protéines* (ou tout au moins certaines d'entre elles, celles que l'on pouvait trouver dans les membranes du tissu nerveux par exemple) abaissaient considérablement la tension superficielle de l'eau.

La découverte du pouvoir tensio-actif des protéines par Danielli et Davson prenait d'autant plus d'importance que les premières analyses chimiques de membranes isolées révélèrent à la même époque la présence de protéines parmi les constituants des membranes. Vers 1935, on commençait à isoler les premières membranes cellulaires, sous la forme de "fantômes" de globules rouges. Ces "fantômes" cellulaires étaient obtenus par choc osmotique : on plongeait une suspension de globules rouges humains dans un milieu très peu concentré (une solution saline très diluée) et aussitôt un flux d'eau entrait dans les globules rouges à travers les membranes cytoplasmiques semi-perméables. Les cellules sanguines augmentaient donc progressivement de volume, gonflaient puis éclataient en déchirant largement leur membrane péri-cellulaire : c'était le "choc osmotique". Par la déchirure s'écoulait tout le contenu cytoplasmique dans le milieu extérieur, notamment le pigment rouge, l'hémoglobine. Il était ainsi aisé de récupérer, par centrifugation, des membranes cellulaires incolores (ou "fantômes") de plusieurs milliers de globules rouges humains. Une fois sédimentés en culot, ces "fantômes" ou "membranes" pouvaient être analysés chimiquement : on y trouvait en effet des *protéines*. (L'une d'entre elles, protéine de "fantôme", fut même plaisamment appelée "spectrine", protéine de spectre, par les biochimistes quelques années plus tard) ; ces protéines étaient associées dans les membranes aux phospholipides que Gorter et Grendel avaient extraits par l'acétone.

Dès lors Danielli et Davson travaillèrent à modifier le modèle moléculaire de membrane proposé par les chercheurs hollandais. Ils voulaient incorporer au modèle des molécules de protéines, ce qui d'une part était conforme aux résultats des analyses chimiques et d'autre part, permettait d'abaisser la tension superficielle des interfaces membranes/eau. Ainsi naquit, des observations, de l'imagination et des réflexions des deux chercheurs britanniques, le second modèle moléculaire de membrane : le fameux modèle de Danielli-Davson qui suscita le plus grand intérêt parmi les biologistes. On remarquera toutefois l'heureux effet d'une "approximation" tout à fait abusive dans le raisonnement de Danielli et Davson : le feuillet bimoléculaire de phospholipides, proposé par Gorter et Grendel, se trou-

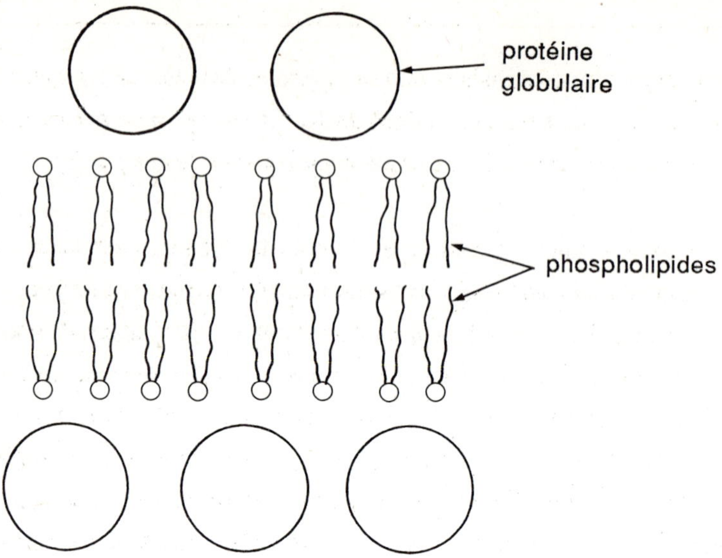

Figure 13
Première version du modèle moléculaire de membrane produit par Danielli et Davson. Les protéines incorporées au modèle sont envisagées sous conformation globulaire.

vait confondu avec une fine pellicule huileuse. Or si une bicouche réelle de phospholipides avait été prise en compte (cf. p. 70), la tension superficielle mesurée par Danielli et Davson aurait été voisine de celle trouvée aux interfaces membranes/eau !

Dans sa première version (fig. 13), le modèle de Danielli - c'est cet auteur qui fit le maximum d'efforts pour imposer son modèle, aussi l'histoire des sciences a-t-elle surtout retenu son nom - conservait le feuillet bimoléculaire de phospholipides, proposé par Gorter et Grendel. Mais des *protéines* étaient introduites dans l'ensemble moléculaire représentant la membrane. Ces protéines, supposées de type globulaire, étaient disposées de part et d'autre de la bicouche phospholipidique centrale. Les liaisons entre les "têtes polaires" des phospholipides et les masses protéiques globulaires étaient de multiples liaisons faibles, de nature électrostatique ; les charges électriques négatives des résidus phosphorylés des lipides venaient, par exemple, neutraliser les charges positives portées par des résidus cationiques de certains acides aminés, constitutifs des protéines.

Cette première version du modèle de Danielli fut bien vite remise en question parce que nombre de biophysiciens montrèrent que des masses protéiques globulaires n'étaient pas stables à la surface d'un feuillet bimoléculaire de phospholipides. Les attractions électrostatiques entre les deux types de molécules - protéines et lipides - sont en effet si fortes que les protéines globulaires, inévitablement, se "déroulent" à la surface du feuillet lipidique et s'aplatissent sur les têtes polaires des phospholipides. Danielli modifia donc son modèle et en proposa une deuxième version. De part et d'autre de la bicouche centrale de phospholipides viennent s'étaler, sur les "têtes polaires" des lipides, des protéines *fibrillaires* qui

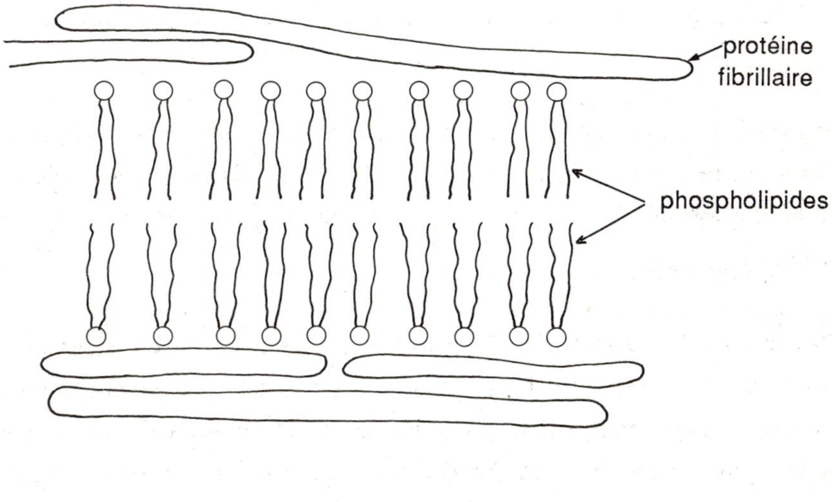

Figure 14
Deuxième version du modèle moléculaire de Danielli. Les protéines placées de part et d'autre du feuillet bimoléculaire central de phospholipides sont maintenant sous forme fibrillaire.

contractent de nombreuses liaisons électrostatiques (faibles) avec les phospholipides. Voilà donc le modèle proposé vers 1940 (fig. 14), modèle dont les trois traits principaux peuvent être résumés ainsi : 1) les lipides forment une lamelle centrale hydrophobe à structure de feuillet bimoléculaire de phospholipides, 2) les protéines des membranes sont fibrillaires ; elles prennent en quelque sorte les lipides en sandwich, s'étalant sur les deux surfaces, externe et interne, du feuillet bimoléculaire, 3) la liaison entre lipides et protéines est essentiellement de nature électrostatique.

2. Les premières images de membranes en microscopie électronique

Durant la décade 1950-1960, tous les faits expérimentaux décelés sur les biomembranes vinrent confirmer le modèle moléculaire proposé par les chercheurs de Cambridge. Les techniques les plus avancées de la biologie en pleine expansion (la microscopie électronique, la diffraction des rayons X, les reconstitutions artificielles de biomembranes) et de nombreuses mesures physiques vinrent affermir, renforcer et confirmer le modèle moléculaire de Danielli. Les biologistes purent ainsi constater que le modèle moléculaire, proposé par Danielli en 1935 à partir de considérations biophysiques assez simples, permettait d'expliquer nombre de faits expérimentaux découverts une vingtaine d'années plus tard à l'aide de techniques très sophistiquées. Ce pouvoir anticipateur du modèle de Danielli fut largement reconnu par la communauté scientifique qui assura dès lors un très grand succès à ce modèle.

La biologie revivait donc, au milieu du vingtième siècle, un épisode semblable à celui que l'astronomie avait connu à la fin du dix-neuvième siècle, l'aventure scientifique extraordinaire de l'astronome français Le Verrier. Observant le mouvement des planètes du système solaire, celui-ci remarqua quelques irrégularités dans les orbites de diverses planètes connues à son époque : pour expliquer ces irrégularités, il eut l'audace de postuler l'existence d'une planète inconnue des astronomes. Par le calcul, il prouva que toutes les irrégularités notées dans les parcours des autres planètes pouvaient parfaitement s'expliquer par l'existence de cette planète non détectée. Quelques années plus tard, la mise au point de puissants téléscopes en permit la découverte. C'était *Neptune*. La gloire de l'astronome théoricien fut très grande : la pensée scientifique avait devancé la révélation expérimentale d'un fait en poussant jusqu'à leur terme les déductions mathématiques découlant des lois de la gravitation établies pour le système solaire. Ce qui était arrivé à Le Verrier survint aussi à Danielli. Pour bien comprendre le grand succès du modèle de Danielli, il suffit d'examiner les faits inédits fournis par les techniques nouvelles mises à la disposition des biologistes dans les années 1950-1960.

Dès 1950, les premiers microscopes électroniques furent construits et devinrent opérationnels. Instruments fabuleux pour l'époque, ces microscopes électroniques grossissaient jusqu'à 100 000 fois les objets examinés (contre 3 000 à 6 000 fois pour les microscopes à lumière). Les images des cellules que découvraient alors les microscopistes étaient donc totalement transformées : dans les cytoplasmes cellulaires apparaissaient mille vésicules et compartiments complètement inconnus auparavant. Ainsi les biologistes virent-ils également pour la première fois les membranes cellulaires ! L'objet scientifique que Nägeli avait introduit cent ans plus tôt dans la structure de toutes les cellules, sur la base de raisonnements indirects concernant les figures de plasmolyse, beaucoup trop fin pour être vu au microscope à lumière, devenait visible au microscope électronique. Et les premières images de membranes que les biologistes observèrent venaient confirmer parfaitement le modèle de Danielli. La belle histoire de Le Verrier semblait donc se répéter : la pensée scientifique logique et audacieuse avait devancé le fait expérimental !

Comment apparurent les premières membranes examinées au microscope électronique ? Sous la forme, en coupe transversale, d'une *image tripartite (ou trilamellaire)*, dite encore en "rail de chemin de fer" (fig. 6). Cette image tripartite des membranes cellulaires était absolument générale, présente dans les cellules les plus diverses, des bactérics les plus primitives aux êtres supérieurs les plus évolués ; les membranes endocellulaires présentaient également cet aspect tripartite. Cette uniformité d'apparence soulignait fortement que toutes les membranes cellulaires devaient être construites sur le même modèle. Cependant, quelques explications techniques sont nécessaires pour comprendre pourquoi l'image tripartite classique confirme le modèle de Danielli.

Avant l'examen microscopique proprement dit, un objet biologique est préalablement fixé, généralement à l'aide d'un fixateur chimique comme le glutaraldéhyde. Ce fixateur est supposé figer toutes les structures cellulaires instantanément, tuant immédiatement les cellules vivantes et immobilisant *in situ* toutes leurs structures ; en fait, l'effet de la fixation n'est pas si immédiat et l'immobilisation "instantanée" des structures cellulaires donne lieu à beaucoup de controverses. Une fois fixé, l'objet est déshydraté par passage dans des bains d'alcools de plus en plus concentrés, puis inclus dans une résine acrylique fluide qui est ensuite polymérisée. Le bloc peut alors être débité en tranches ultrafines (0,1 à 1 µm d'épaisseur) à l'aide d'un ultra-microtome à lame de diamant. Ces coupes ultrafines sont ensuite contrastées par des réactifs chimiques comme le tétroxyde d'osmium ou le permanganate de potassium.

Cette opération de "contraste" justifie les images obtenues par la suite : au cours du traitement des coupes par les réactifs contrastants, les gros ions métalliques chargés électriquement - ions de OsO_4 (tétroxyde d'osmium) ou de MnO_4K (permanganate de potassium) - se déposent dans certaines zones des coupes ultrafines. Par attraction électrostatique, ces ions métalliques peuvent en effet être retenus dans les parties polaires des coupes ultrafines. Au contraire, les parties non polaires des coupes (hydrophobes naturellement et ne présentant aucune charge électrique libre) ne peuvent fixer aucun ion métallique. Aussi, lorsque la coupe ultrafine contrastée est placée sur une grille-support puis introduite dans le canon à électrons du microscope électronique, les électrons projetés sur la coupe au

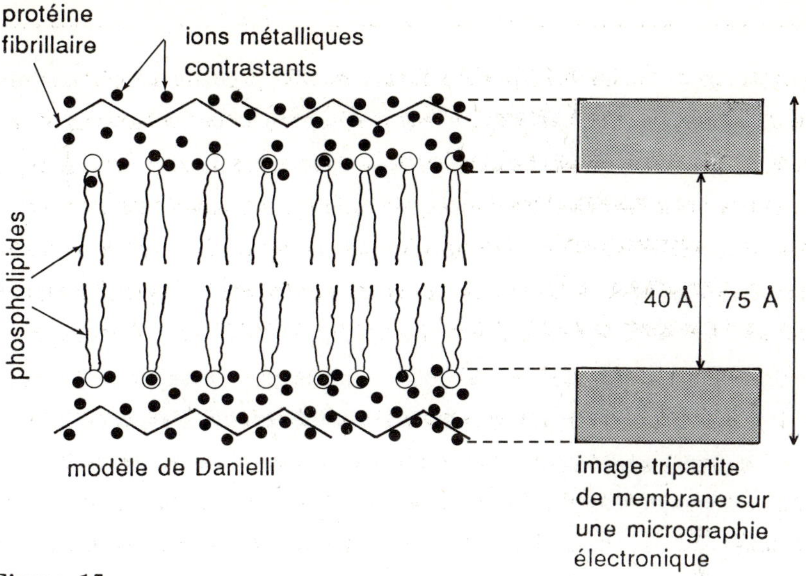

Figure 15
Correspondance entre le modèle de Danielli, la fixation des ions métalliques contrastants sur les parties polaires de l'édifice moléculaire et l'image tripartite de la membrane obtenue en microscopie électronique à transmission.

moment de l'observation traverseront donc aisément les zones hydrophobes, n'ayant retenu aucun ion métallique. En revanche, les électrons seront presque totalement arrêtés au niveau des parties polaires de la coupe ultrafine. Comme les images fournies par le microscope électronique sont des images photographiques, lorsque les électrons sont arrêtés au niveau de la coupe, ils n'impressionnent pas l'émulsion photographique placée dans le microscope et servant de "négatif" pour les tirages définitifs. Le négatif, non impressionné, reste clair et donnera une image sombre après développement et tirage des clichés définitifs. Au contraire, les électrons ayant traversé facilement les zones hydrophobes des coupes ultrafines impressionneront le négatif et la zone traversée apparaîtra claire sur la photographie définitive.

Or dans le modèle proposé par Danielli, on distingue facilement dans l'épaisseur de la membrane (voir fig. 15) des zones *polaires* tangentielles à la surface : ce sont les zones formées d'une part par les protéines (qui contiennent beaucoup de résidus d'amino-acides chargés, dont par ailleurs toutes les liaisons peptidiques sont fortement polarisées) et d'autre part par les "têtes polaires" des phospholipides (résidus phosphorylés) contenant beaucoup de charges électriques. Sur ces zones polaires périphériques des membranes peuvent se fixer les ions lourds métalliques des réactifs contrastants. Au centre de l'édifice moléculaire proposé par Danielli ne se trouvent que les chaînes d'acides gras des phospholipides, parfaitement hydrophobes, qui ne renferment aucune charge électrique et ne fixeront par conséquent aucun ion métallique. Placées sous le flux des électrons du microscope électronique, les trois zones membranaires ne doivent pas se comporter de façon identique. Les zones polaires périphériques, chargées d'ions métalliques contrastants, arrêtent les électrons : ces zones périphériques donneront deux bandes noires sur les images photographiques des membranes. La zone centrale apolaire, au contraire, se laisse très facilement traverser par les électrons et apparaîtra comme une zone claire centrale. Aussi, l'observation de milliers d'images tripartites (deux zones noires entourant une zone claire), fournies par les microscopies électroniques, confirme donc en 1950 la validité d'un modèle moléculaire proposé 10 ans plus tôt par Danielli et Davson à partir de considérations biophysiques totalement étrangères au domaine de la microscopie. Cet excellent accord entre la morphologie fine des coupes transversales de membranes et le modèle de Danielli fut le premier argument fort en faveur de la *réalité* de l'agencement moléculaire proposé.

3. Les données de la diffraction des rayons X

Au milieu de la décade 1950-1960, d'autres données expérimentales obtenues par les techniques les plus diverses vinrent renforcer la validité du modèle de Danielli. La diffraction des rayons X, par exemple, put être appliquée soit sur des fantômes de globules rouges empilés en grand nombre, soit sur des gaines de myéline de nerfs des vertébrés supérieurs. Ces gaines de myéline résultent de multiples enroulements "en escargot" de cellules de Schwann, cellules d'accompagnement des fibres nerveuses. Autour de chaque fibre nerveuse (neurone) se trouvent donc empilées, en anneaux concentriques, un très grand nombre de membranes cytoplasmiques appartenant à la cellule de Schwann. Les rayons X diffractés soit sur les empilements artificiels de fantômes de globules rouges, soit sur les empilements naturels de membranes de la gaine de myéline, donnent des spectres de diffraction que les spécialistes peuvent fort bien expliquer à partir de constructions moléculaires conformes au modèle de Danielli. Les périodicités déterminées par diffraction des rayons X pour les épaisseurs de membranes, sont de l'ordre de 150-180 Å, ce qui s'accorde assez bien avec le modèle proposé. Toutefois les épaisseurs relevées sur les micrographies électroniques étaient de l'ordre de 75 à 120 Å : en conséquence les spécialistes de diffraction des rayons X ont suggéré que les membranes biologiques subissaient une certaine contraction au cours des traitements de fixation préparatoire à l'examen en microscopie électronique. Quoiqu'il en soit de ces discussions de détail, l'ensemble des spectres de diffraction des rayons X obtenus au cours des années 1950 venaient renforcer, après la microscopie électronique, le caractère très probable de l'arrangement moléculaire proposé par Danielli.

4. Les feuillets bimoléculaires artificiels

Enfin, aux environs de 1960, l'obtention en laboratoire de petits feuillets artificiels de phospholipides ne comportant que deux couches de molécules en épaisseur fournit également beaucoup d'arguments en faveur du modèle de Danielli. Ces feuillets artificiels étaient de faible surface (quelques mm^2, au mieux) et étaient préparés en déposant sous l'eau une goutte de phospholipides dissous dans un solvant organique (de l'hexane par exemple) sur un trou percé dans une plaque en téflon (fig. 16). On a pu de la sorte réaliser des feuillets bimoléculaires avec diverses familles de phospholipides (extraits de membranes de foie, de cerveau, de jaune d'oeuf, etc.). D'autre part le montage évoqué figure 16 est tel

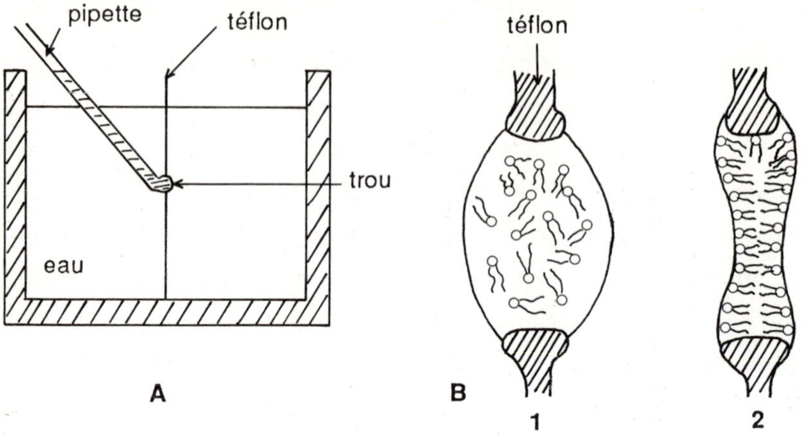

Figure 16
Fabrication, au laboratoire, d'un feuillet bimoléculaire artificiel de phospholipides.
A. Dépôt d'une goutte de solution de phospholipides au niveau du trou d'une plaque de téflon séparant une cuve à eau en deux compartiments.
B. Evolution spontanée des phospholipides dans la goutte de solvant au niveau du trou. Pour des raisons d'affinité électrique, les «têtes polaires» des phospholipides ont tendance à se ranger à l'interface eau/solvant, tandis que les chaînes d'acides gras restent dans la masse du solvant.
On passe ainsi de la situation de départ désordonnée 1 vers la situation en feuillet bimoléculaire 2.

qu'une fois formé, le feuillet bimoléculaire artificiel sépare vraiment (avec la plaque de téflon) deux cuves aqueuses ; il devient donc aisé de mesurer la perméabilité de ce feuillet bimoléculaire à diverses substances. Il suffit pour cela d'introduire un sel radioactif dans la cuve de droite et de mesurer sa vitesse de diffusion dans la cuve de gauche pour obtenir la perméabilité du feuillet artificiel à ce sel. Ces feuillets artificiels ont par ailleurs été utilisés pour le calcul de toutes sortes de paramètres physiques : épaisseur, résistance, capacité, perméabilité à l'eau, perméabilité à divers sels minéraux, tension superficielle, etc. Ces résul-

Tableau II.
Comparaison entre divers paramètres physiques mesurés sur des feuillets bimoléculaires artificiels de phospholipides et ceux mesurés sur un grand nombre de membranes naturelles*

	Paramètres physiques				
Nature des lipides des feuillets bimoléculaires	épaisseur (Å) (Ω)	Résistance électrique (ω/ cm2)	Capacitance (μF / cm^2)	perméabilité à l'eau tritiée (μm / sec)	tension superficielle dynes / cm
Lipides du cerveau	60 - 90	10^7 - 10^8	0,7 - 1,3	24 - 40	---
Phosphatidylcholine de jaune d'oeuf	48 - 77	10^8 - 10^{10}	0,38 - 0,45	17 - 120	0,90
Phosphatidylcholine de jaune d'oeuf + cholesteryl oléate	46	10^9	---	18 - 21	---
Lipides de globules rouges de mouton	40 - 130	---	---	---	---
Ensemble d'un grand nombre de membranes naturelles	40 - 130	10^2 - 10^5	0,5 - 1,3	0,25 - 400	0,03 - 1

* Données de H. Titien et L. Diana, *Chem. Phys. Lip. 2*, , 55-101 (1968) et F.A. Henn et T.E. Thompson, *Ann. Rev. Biochemistry, 38,* 241-263 (1969).

tats ont pu être comparés avec ceux obtenus sur des biomembranes naturelles (tableau II).

La première impression que l'on retire en comparant la dernière ligne et les lignes supérieures du tableau II (membranes naturelles et feuillets bimoléculaires artificiels de phospholipides) est celle d'une excellente concordance entre les données obtenues sur les membranes naturelles et celles mesurées sur les feuillets artificiels : même ordre de grandeur dans les deux cas pour l'épaisseur, la capacitance, la perméabilité à l'eau, la tension superficielle. Avec cependant deux légères différences : la perméabilité à l'eau des membranes naturelles semble légèrement plus grande que celle des feuillets bimoléculaires de phospholipides ; au contraire, la résistance électrique des feuillets apparaît 100 à 10.000 fois plus grande que celle des membranes naturelles. Pour tenir compte de ces légères différences, Danielli fut amené à modifier légèrement son modèle : il envisagea la présence de protéines fibrillaires traversant de part en part la surface membranaire et constituant ainsi des "pores" transmembranaires de taille ultramicroscopique (fig. 17). Par ces pores pouvaient donc s'engouffrer les molécules d'eau et un certain nombre d'ions métalliques, ce qui du même coup accroissait la perméabilité à l'eau des membranes par rapport aux feuillets bimoléculaires et diminuait au contraire la résistance électrique des membranes comparativement aux feuillets. Ces corrections successives du modèle de Danielli (comparer les figures 13, 14 et 17) illustrent parfaitement ce qu'est en réalité un modèle moléculaire : un agencement de molécules proposé par un chercheur pour rendre compte de l'édification d'une structure vivante, modèle qui doit prendre en compte tous les faits expérimentaux connus et qui se modifie avec l'apparition de nouvelles découvertes.

Il faut bien avouer cependant que les modifications introduites par Danielli, entre 1940 et 1960, n'étaient somme toute que des modifications de détail et que la gloire impressionnante attachée à l'oeuvre de ce chercheur venait de son élaboration théorique achevée avant que ne survienne la confirmation expérimentale par

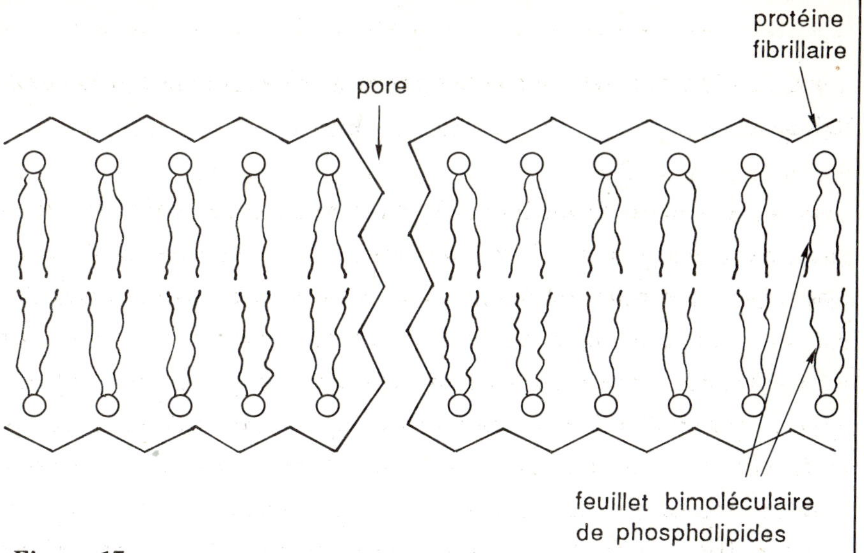

Figure 17
Version définitive du modèle de Danielli. On notera l'introduction du canalicule (pore) transmembranaire permettant aux molécules d'eau (et aux petits ions) de franchir le barrage central hydrophobe du feuillet bimoléculaire de phospholipides.

la microscopie électronique. Aussi, vers 1960, le modèle de Danielli était devenu une sorte de dogme de la biologie : on enseignait dans toutes les universités du monde que les lipides membranaires formaient un feuillet bimoléculaire central pris dans l'épaisseur des membranes et que des protéines fibrillaires recouvraient ce feuillet sur les deux faces. L'aspect hypothétique, audacieux, fragile, de l'arrangement moléculaire proposé à partir de considérations indirectes sur la tension superficielle des cellules, avait complètement disparu. On assista vraiment à cet étrange retournement de situation : un modèle moléculaire construit pour tenter de rendre compte de la réalité des membranes biologiques était devenu une vérité scientifique. Tous les faits expérimentaux connus à l'époque semblaient s'accorder avec ce modèle moléculaire. Un chercheur américain, Stoeckenius, réussit même à cette époque une expérience étonnante : il fabriqua un feuillet bimoléculaire artificiel de phospholipides qu'il plongea dans une solution de protéines. Ces protéines s'accolèrent, en se déplissant, contre les deux faces du feuillet bimoléculaire artificiel de phospholipides. L'ensemble, fixé au glutaraldéhyde et traité par les contrastants métalliques, fut examiné au microscope électronique et l'auteur retrouva pour la coupe de cette membrane artificielle une image tripartite exactement semblable aux micrographies électroniques fournies par les membranes naturelles. Plus rien ne semblait séparer la construction théorique inventée par Danielli de la vérité. La réalité se mettait à copier le modèle ! Et pourtant, l'année 1960 ouvre la période de mise en question du modèle de Danielli...

CHAPITRE VI

Les modèles en sous-unités

(1960-1970)

Les congrès scientifiques internationaux consacrés aux membranes biologiques devinrent bien intéressants à partir de 1960. Il s'y passait quelque chose d'inouï : quelques chercheurs iconoclastes osèrent d'abord mettre en question le modèle de Danielli, puis bien vite le déclarèrent non valide et finalement proposèrent des modèles de remplacement. En quelques années, des remises en cause du modèle en feuillet bimoléculaire de phospholipides convergèrent à partir des horizons les plus divers. Les morphologistes, employant des techniques plus raffinées pour la préparation des coupes avant examen au microscope électronique, ne voyaient plus l'image tripartite qui fonda le succès du modèle. Les biochimistes n'acceptaient plus les protéines fibrillaires plaquées de part et d'autre du feuillet central lipidique. Les biophysiciens n'acceptaient plus l'arrangement en bicouches des phospholipides membranaires. Finalement, ce fut une période de contestation systématique des trois grandes affirmations qui avaient assuré le succès du modèle de Danielli au cours des vingt années précédentes :

1) A la proposition de Danielli d'une organisation des lipides membranaires en une *lamelle centrale* hydrophobe ayant la structure d'un feuillet bimoléculaire de phospholipides, divers auteurs opposèrent une organisation des phospholipides en *micelles* cylindriques ou sphériques. Ce fut la bataille des modèles lamellaires contre les modèles micellaires.

2) A la conception de Danielli introduisant des *protéines fibrillaires* de part et d'autre du feuillet central, de nombreux auteurs opposèrent la nécessité d'avoir des *protéines globulaires* dans les membranes, puisque quasiment toutes les protéines enzymatiques étaient globulaires et que les membranes renfermaient de nombreuses enzymes. La démonstration fut d'ailleurs apportée au cours de la décade 1960-1970 du caractère essentiellement globulaire des protéines membranaires.

3) Enfin, la liaison électrostatique entre protéines et lipides postulée dans le modèle de Danielli fut contestée. C'est même par là que commença la remise en question du modèle puisqu'il fut bientôt évident que la liaison entre protéines et lipides était essentiellement une liaison de nature hydrophobe, apolaire et ne faisant intervenir aucune charge électrique.

En effet la question au coeur du débat entre partisans et adversaires du modèle restait celle concernant la nature de la liaison entre lipides et protéines dans les membranes. Si cette liaison est essentiellement de nature électrostatique, comme le postule le modèle de Danielli, il devrait être extrêmement facile de séparer lipides et protéines membranaires en plongeant les biomembranes dans des solutions salines concentrées ou dans des liquides très polaires comme l'ammoniaque. Or on peut plonger autant que l'on veut les biomembranes naturelles isolées dans des solutions salines ou de l'ammoniaque, lipides et protéines ne sont pas séparés pour autant. Et cela est heureux ! Que l'on pense à ce qui se passerait dans le cas contraire lorsque nous allons nous baigner dans la mer : lipides et protéines de nos membranes cellulaires se sépareraient et nous "verrions" nos tissus se désagréger dans le milieu marin !

Il faut donc envisager un autre type de liaison - résistant aux milieux de force ionique élevée - pour expliquer la cohérence des lipides et des protéines dans les membranes. Cet autre type de liaison ne peut être qu'une *liaison hydrophobe* . En effet, lorsqu'un groupe hydrophobe (un reste d'acide gras, une paraffine) se trouve plongé dans l'eau, il est en position très instable puisque ce groupe hydrophobe (sans charge électrique) se trouve entouré de milliers de petites molécules d'eau, fortement polarisées (se comportant donc toutes comme de petits dipôles électriques). Le groupe hydrophobe tend à s'échapper de la masse du liquide (vers l'interface eau/air si elle existe) ; mais si cela est impossible, le groupe hydrophobe se trouve spontanément enfermé dans une sorte de "caverne" dont la paroi est formée d'un très grand nombre de molécules d'eau. En d'autres termes, plongé dans une masse aqueuse, chaque groupe hydrophobe détermine un réarrangement rigoureux des molécules d'eau autour de lui-même. Si deux groupes hydrophobes sont plongés simultanément dans la même masse d'eau, ils détermineront donc tous deux des réorganisations importantes des molécules d'eau. Si ces deux groupes hydrophobes ne sont pas trop éloignés l'un de l'autre (à l'échelle moléculaire), le système évoluera spontanément vers un système à une seule caverne où les deux groupes hydrophobes seront fortement plaqués l'un contre l'autre. Cet accolement spontané des deux groupes hydrophobes en milieu aqueux réalise la "liaison hydrophobe", liaison beaucoup moins forte qu'une liaison covalente entre deux groupes atomiques appartenant à la même molécule. Cependant, si de nombreux groupes hydrophobes appartenant à des molécules différentes s'accolent spontanément les uns contre les autres en milieu aqueux, ils peuvent donner naissance à une structure assez solide, stabilisée par les molécules d'eau environnantes.

Or les lipides membranaires renferment dans leurs molécules de grandes parties hydrophobes (les deux restes d'acides gras). Par ailleurs les protéines membranaires sont aussi généralement hydrophobes (les résidus d'acides aminés apolaires l'emportant légèrement sur les résidus polaires). Il est évident que dans ces conditions des liaisons "hydrophobes" peuvent facilement se former, dans le milieu cellulaire aqueux, entre les parties apolaires respectives des lipides et des protéines.

Les premières preuves expérimentales de l'existence de nombreuses liaisons hydrophobes dans les membranes furent apportées par les travaux du groupe de Green, aux Etats-Unis. Les chercheurs utilisèrent, pour étayer leur démonstration, une famille de substances chimiques aux propriétés très intéressantes : les *détergents* naturels ou de synthèse. Ces molécules (sels biliaires dérivés du cholestérol, Tween, Triton, etc.) sont très apolaires ; elles peuvent facilement s'immiscer dans un ensemble de lipides ou de protéines hydrophobes et rompre les liaisons de nature hydrophobe. Green et ses collaborateurs montrèrent que les membranes naturelles pouvaient être fragmentées en petits agrégats lipoprotéiques (contenant à la fois lipides et protéines) sous l'action de détergents (comme le cholate de sodium). Après élimination de ces détergents par un procédé tel que la dialyse (long rinçage des agrégats séparés par le cholate, l'eau de rinçage étant constamment renouvelée pendant 24 heures par exemple), les petits agrégats lipoprotéiques se ressoudaient les uns aux autres pour former à nouveau des vésicules membranaires. Le processus pouvait être contrôlé morphologiquement sous le microscope électronique. Ainsi l'action des détergents prouvait que la liaison entre morceaux de membranes était essentiellement de nature hydrophobe.

C'est sans doute dans le groupe de Green que naquit l'idée de modèles de remplacement à substituer au modèle de Danielli, inadéquat puisque postulant exclusivement des liaisons électrostatiques entre lipides et protéines membranaires. Green et ses collaborateurs avancèrent l'idée que la membrane n'était pas une structure continue bidimensionnelle (comme postulé par Danielli), mais au contraire une structure discontinue résultant de la coalescence de nombreux agrégats lipoprotéiques, serrés les uns contre les autres par des liaisons hydrophobes. On prit l'habitude de désigner ces fragments de membranes (obtenus facilement par traitement par les détergents) du nom de "sous-unités" membranaires. D'où le nom de "modèles en sous-unités" pour les modèles moléculaires proposés.

1. Les systèmes micellaires

Le concept d'"agrégat lipoprotéique" (sous-unité membranaire) tel qu'il venait d'être dégagé restait encore bien vague. Tous les biologistes qui réfléchissaient à la possibilité d'un modèle de membrane intégrant ces sous-unités se heurtaient au même problème : comment les lipides se disposaient-ils dans ces sous-unités ?

Les réponses à cette question se sont appuyées sur un ensemble de recherches biophysiques conduites depuis 1960 environ par l'équipe de V. Luzzati, d'abord à Strasbourg, puis à Gif-sur-Yvette. Ces recherches ont révélé un fait capital : la grande variété des formes possibles d'arrangement des phospholipides en milieu aqueux. La mise en évidence de ce polymorphisme des phospholipides donnait donc aux biologistes la possibilité d'imaginer d'autres arrangements pour les lipides membranaires que celui du feuillet bimoléculaire du modèle de Danielli.

V. Luzzati et ses collaborateurs utilisaient principalement les spectres de diffraction des rayons X pour étudier l'arrangement des lipides dans l'eau. Les molécules lipidiques qu'ils employèrent pour leurs premiers travaux furent des substances de synthèse pures : des savons (sels alcalins) d'acides gras divers, puis différents types de phospholipides ou de lysophospholipides (obtenus après hydrolyse d'une des deux fonctions esters entre les acides gras et le glycérol des phospholipides). Ce n'est que dans un deuxième temps que Luzzati et ses collaborateurs appliquèrent leur technique aux mélanges de phospholipides naturels extraits de membranes cellulaires. Les renseignements qu'ils recueillirent ainsi furent très précis et s'avérèrent finalement surprenants.

Les résultats obtenus avec les molécules de synthèse (savons ou phospholipides) permirent de mettre en évidence que l'organisation des phospholipides dans l'eau, révélée par les rayons X, varie avec la concentration ou la température. Aux très faibles concentrations, les molécules sont isolées (éléments monomères), disper-

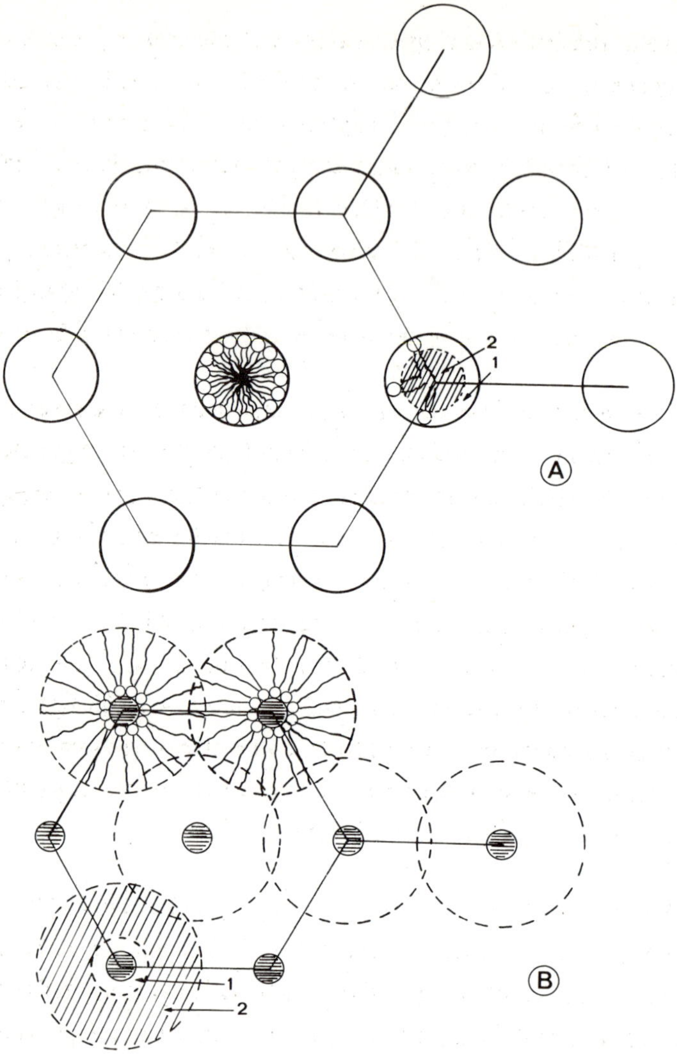

Figure 18
Les systèmes micellaires hexagonaux H_I (A) et H_{II} (B) de phospholipides dispersés dans l'eau, vus en coupe transversale. Dans chaque micelle, la partie hydrophile (formée des têtes polaires) est notée 1. La partie hydrophobe (formée des restes d'acides gras) est notée 2.

sées dans l'eau, (chacune étant logée de façon instable dans sa petite "caverne"). Quand la concentration s'élève un peu, on atteint la concentration micellaire critique (de l'ordre de 5 g ‰ ou moins généralement). Dès ce moment, les lipides ne restent plus dispersés dans la masse aqueuse mais s'organisent en *micelles*. La figure 18 représente deux ensembles de micelles (ou systèmes micellaires) bien décrits par leur spectre de diffraction aux rayons X : ce sont les *systèmes micellaires hexagonaux* H_I *et* H_{II} , structures micellaires que les biologistes vont justement utiliser dans les nouveaux modèles de membranes en sous-unités.

Dans le système micellaire hexagonal H_I , chaque micelle (ou ensemble de lipides) se présente sous la forme d'un long cylindre (dont l'axe principal est parallèle à la surface de l'eau). La paroi du cylindre est constituée par les têtes polaires des phospholipides, qui sont ainsi au contact des molécules d'eau (petits dipôles électriques). L'intérieur du cylindre est composé de l'ensemble des chaînes d'acides gras apolaires de tous les phospholipides ; cet ensemble forme une véritable phase hydrophobe séquestrée à l'intérieur de la paroi des têtes polaires et mise ainsi à l'abri de l'eau. Le caractère amphipolaire de chaque molécule de phospholipide permet la réalisation de ces édifices multimoléculaires stables en milieu aqueux. Dans un système dit hexagonal H_I , les coupes de cylindre sont placées aux sommets et au centre d'un réseau hexagonal.

Pour des concentrations beaucoup plus élevées en lipides (70 à 90 %), on peut observer des systèmes micellaires hexagonaux H_{II} . Les micelles sont encore de longs cylindres dont les axes sont parallèles à la surface de l'eau mais cette fois, ces cylindres sont creux. Leur paroi interne est formée des têtes polaires des phospholipides serrées les unes contre les autres et en contact avec de petits canaux remplis d'eau. De ces têtes polaires pointent vers l'extérieur les chaînes d'acides gras apolaires qui forment la masse de l'enveloppe des micelles cylindriques. Donc, dans ce système H_{II} , les cylindres ont un "coeur" hydrophile et une "enveloppe" hydrophobe ; au contraire du système H_I , dans lequel les micelles avaient des "parois" hydrophiles et un "coeur" hydrophobe.

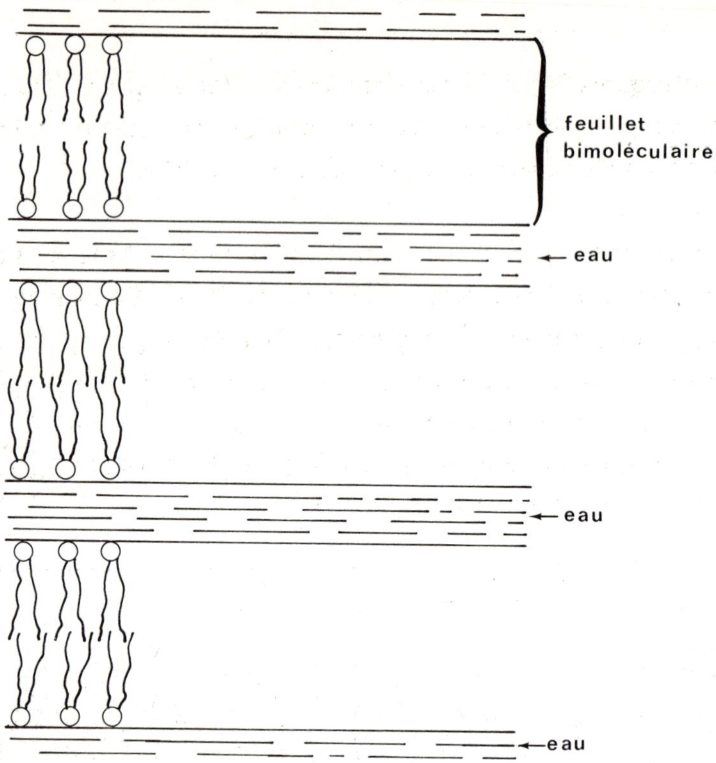

Figure 19
Système lamellaire vu en coupe. Superposition de feuillets bimoléculaires séparés par des couches d'eau.

2. Les systèmes lamellaires

Les systèmes micellaires se forment spontanément avec certains types de lipides (notamment les savons ou les lysophospholipides). Mais, à très forte concentration, d'autres espèces moléculaires (c'est le cas notamment des phospholipides les plus communs) forment dans l'eau des systèmes *lamellaires*. La diffraction des rayons X révèle que ces lipides (lorsqu'ils sont présents à l'état pur) sont organisés en feuillets bimoléculaires empilés les uns sur les autres et séparés par des feuillets aqueux (fig. 19). Ce sont ces arrangements lamellaires de lipides qui étaient connus de longue date et avaient été modélisés par Gorter et Grendel puis par Danielli sous la forme d'un unique feuillet bimoléculaire.

Suivant la température, les systèmes lamellaires se présentent sous trois formes différentes (fig. 20). A très basse température (- 70°C, par exemple) toutes les chaînes d'acides gras des phospholipides sont rigidifiées, alignées parallèlement les unes aux autres : ces systèmes figés sont connus sous le nom de systèmes lamellaires Lß. A moyenne température (de - 40 à +20°C, environ), certains feuillets bimoléculaires contenant des phospholipides à chaînes très insaturées

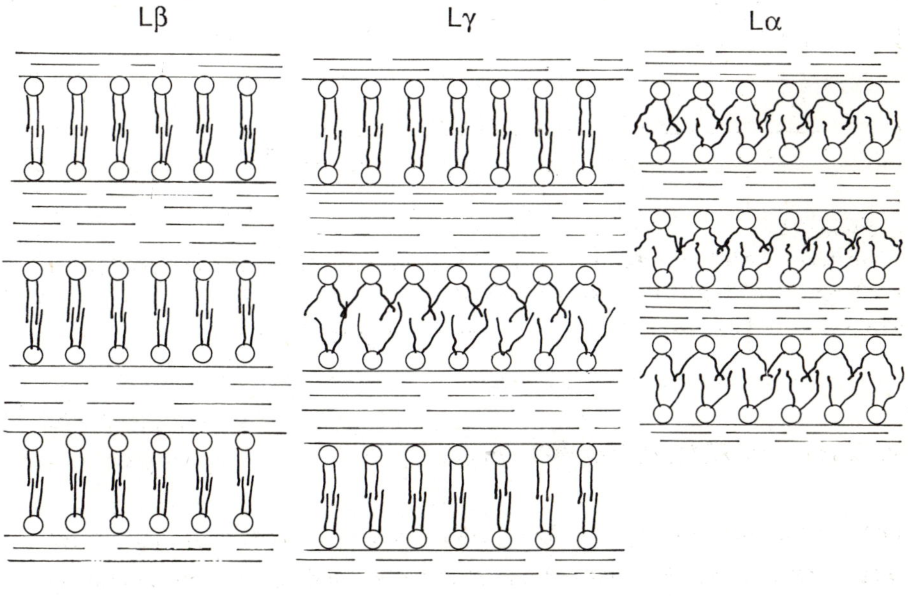

Figure 20
Les trois types de systèmes lamellaires observables à très basse température (Lβ), température moyenne (Lγ) ou haute température (Lα).

sont en état de grand désordre dans la partie hydrophobe ; par contre, d'autres feuillets bimoléculaires contenant des phospholipides à chaînes plus saturées ont leur partie hydrophobe formée de chaînes entièrement rigidifiées. Ces systèmes mixtes, à feuillets bimoléculaires alternativement désordonnés et rigides sont appelés *systèmes lamellaires* $L\gamma$. A plus haute température (au dessus de 30°C, environ), tous les feuillets bimoléculaires des systèmes lamellaires ne renferment que des chaînes totalement désordonnées dans leur partie hydrophobe : ce sont les *systèmes lamellaires* $L\alpha$.

Dans tous les systèmes révélés par la diffraction des rayons X appliquée à des arrangements de phospholipides de synthèse dispersés dans l'eau, les équilibres électriques sont respectés : partout les parties polaires des molécules de phospholipides sont au contact de l'eau, partout les parties apolaires sont séquestrées hors de l'eau. De tels systèmes s'autoorganisent spontanément dans l'eau, en fonction de la concentration en phospholipides et du simple fait du caractère amphipolaire de ces molécules. Les études expérimentales menées sur les phospholipides de synthèses ont donc révélé le polymorphisme des arrangements de phospholipides, l'existence de systèmes micellaires et lamellaires. Ce polymorphisme reconnu, il devenait inévitable que les biologistes recherchent le type d'arrangement rencontré dans les membranes : micellaire ou lamellaire ?

Luzzati et ses collaborateurs remplacèrent donc, dans leurs expériences, les lipides de synthèse par des mélanges naturels de lipides membranaires. Leurs premiers résultats furent publiés en 1966. Ils avaient choisi comme type de membranes les membranes internes et externes de mitochondries de coeur de boeuf, organe très riche en mitochondries que l'on savait préparer en quantités importantes et sans contamination notable. Les phospholipides de ces organites cellulaires furent donc extraits et les auteurs réalisèrent des dispersions à diverses concentrations de ces phospholipides naturels dans l'eau. Les arrangements pris spontanément par les lipides dans l'eau furent étudiés à plusieurs températures par diffraction des rayons X et l'ensemble des résultats obtenus permit de cons–

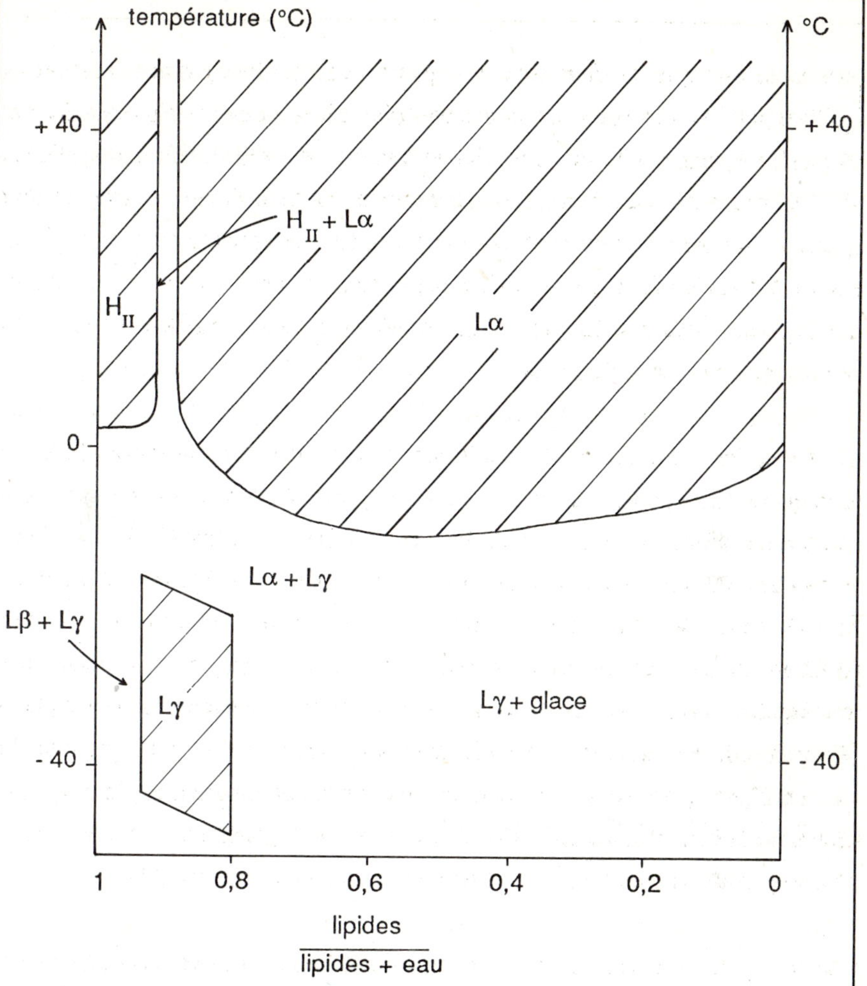

Figure 21
Diagramme de Luzzati construit pour les phospholipides extraits de mitochondries de coeur de boeuf (redessiné d'après le diagramme original), voir texte pour explications.

truire une sorte de diagramme des phases présentées par ces lipides (fig. 21). En ordonnées figurent les températures auxquelles ont été obtenus les spectres de diffraction des rayons X : de - 70°C à + 40°C environ. En abscisses figurent toutes les concentrations possibles de phospholipides dans l'eau, transcrites par les valeurs des rapports en masse phospholipides/phospholipides + eau. Quand ce rapport est nul on n'a que de l'eau pure qui se prend en glace à 0°C. Quand le rapport est compris entre 0,8 et 1, la concentration en phospholipides est très élevée : c'est bien cette situation qui doit se présenter dans les membranes naturelles, où l'on trouve beaucoup de lipides pour très peu d'eau.

Le diagramme de Luzzati montre d'abord la pluralité des arrangements moléculaires des mélanges de lipides naturels : arrangements lamellaires (Lα, Lγ, Lβ) et arrangements micellaires. Les résultats les plus intéressants sont fournis par les observations que l'on peut faire dans les zones de fortes concentrations en lipides (valeurs du rapport en abscisses entre 0,8 et 1) et aux températures physiologiques, c'est à dire aux alentours de 37°C dans le cas des vertébrés supérieurs. Dans cette région du diagramme de Luzzati, les lipides sont en effet organisés en système micellaire hexagonal H_{II} ("coeur" hydrophile, "enveloppe" hydrophobe). Mais aux plus faibles concentrations, la forme d'équilibre de très loin la plus stable est la forme lamellaire Lα. Il y a cependant une zone intermédiaire intéressante, aux températures physiologiques, où les formes micellaires et lamellaires semblent en équilibre et où un très faible changement de la teneur en eau du système permet de passer réversiblement d'une organisation micellaire vers une organisation lamellaire. Luzzati suggéra, dans un article qui devint vite très célèbre, que cela pouvait se produire dans les membranes naturelles : les lipides n'y étaient pas toujours organisés en système lamellaire comme le voulait le modèle de Danielli ; de faibles changements de teneur locale en eau, des variations de pH ou de concentrations locales en certains ions, pouvaient faire apparaître spontanément une organisation micellaire des lipides. Les données expérimentales indiquaient que le système micellaire ainsi constitué devait être de type H_{II} - mais ce point fut quelque peu négligé vers la fin des années 1960.

Ce que les contestataires du modèle de Danielli retinrent surtout des travaux de Luzzati, c'était l'existence possible d'arrangements micellaires pour les lipides dans les membranes. De là naquit l'idée que les agrégats lipoprotéiques (les "sous-unités") proposés par Green et ses collaborateurs contenaient des lipides sous forme micellaire. Ainsi vers la fin de la décade 1960-1970, plusieurs auteurs travaillant sur diverses membranes (animales ou végétales) proposèrent d'abandonner le modèle de Danielli pour décrire l'arrangement des molécules dans les membranes naturelles et de le remplacer par un modèle en "sous-unités", modèle qui s'oppose point par point au modèle de Danielli (fig. 22). En effet, la membrane n'est plus une structure bidimensionnelle continue, mais résulte au contraire de la coalescence de petits agrégats grossièrement sphériques : les "sous-unités". Chacune de ces sous-unités est un ensemble "lipo-protéique" formé d'une protéine de conformation *globulaire* et de phospholipides disposés en arrangement *micellaire*. Dans les protéines globulaires, les résidus d'acides aminés situés au centre des globules sont principalement de nature apolaire, ceux situés à la périphérie des globules, le plus souvent au contact de l'eau, sont des acides aminés polaires (acide glutamique, lysine, etc.). Pour stabiliser l'agrégat-lipoprotéique de la sous-unité membranaire, les partisans du nouveau modèle (le biochimiste Green, le cytologiste Sjöstrand) imaginèrent donc un arrangement micellaire de type H_I ("enveloppe" hydrophile, "coeur" hydrophobe). L'image suivante fut employée à l'époque : la protéine globulaire forme une sorte de pelote de laine et les phospholipides membranaires sont fichés (par leurs restes d'acides gras) dans cette pelote comme des aiguilles à tricoter.

3. L'apparition des "images de chapelets"

Après les biochimistes, les morphologistes apportèrent aussi leurs critiques au modèle de Danielli. L'image tripartite qui semblait si bien l'illustrer fut soumise à de rudes critiques, notamment par le cytologiste suédois Sjöstrand. En premier lieu, Sjöstrand attira l'attention des microscopistes sur le fait que la fixation ordinaire, avant examen en microscopie électronique, par le glutaraldéhyde des tissus vivants, n'était pas une fixation instantanée. En effet, lorsque l'on plonge un fragment de tissu dans un bain de glutaraldéhyde, le fixateur pénètre relative-

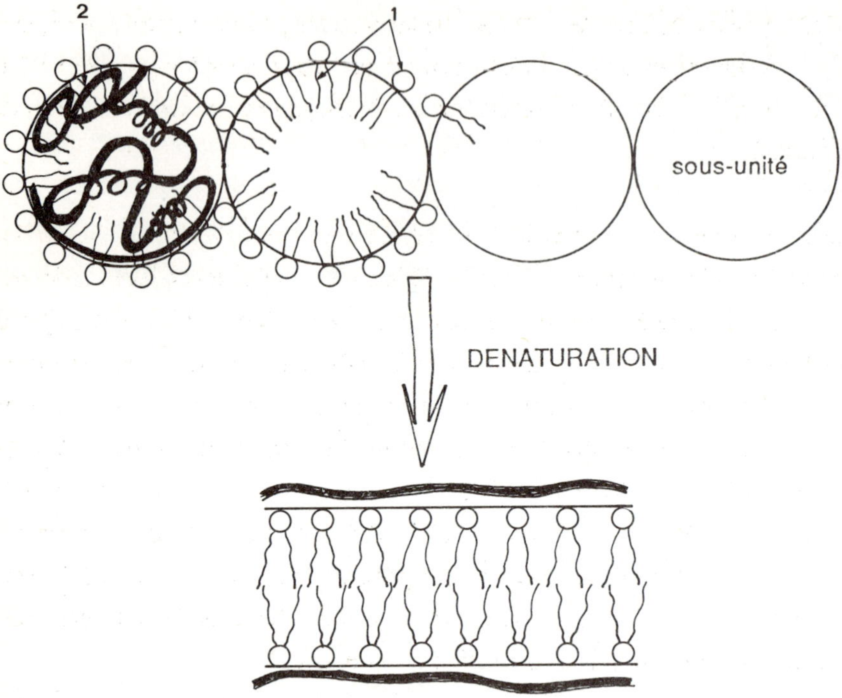

Figure 22
Le modèle en «sous-unités» est représenté en haut de la figure. On note (1) l'arrangement micellaire de type H_I des lipides et la forme globulaire (2) des filaments polypeptidiques des protéines membranaires *in situ*. Divers auteurs (notamment Sjostrand) ont imaginé que la structure moléculaire des membranes se dénaturait sous l'effet des fixateurs chimiques appliqués aux échantillons pour la préparation en vue de l'examen au microscope électronique. Cette dénaturation entraînait un passage des lipides de l'arrangement micellaire à l'arrangement lamellaire (en feuillet bimoléculaire). Par ailleurs les protéines globulaires se dénaturaient en filaments polypeptidiques fibrillaires qui venaient se coller à la surface du feuillet bimoléculaire. Ainsi la fixation préparatoire à la microscopie électronique entraînait la formation d'une structure artificielle (ou «artefact») résultat d'un réarrangement complet des constituants membranaires et donnant l'image tripartite, qui ainsi n'avait plus rien à voir avec la réalité.

ment lentement au sein des cellules : pendant ce long temps de pénétration, toutes les altérations ou dénaturations des molécules constituant les structures cellulaires peuvent se produire (d'autant plus que le glutaraldéhyde est un poison pour la cellule).

Ainsi par exemple, les protéines membranaires - initialement globulaires - peuvent très bien se dénaturer au cours de la fixation au glutaraldéhyde et donner des filaments peptidiques complètement désordonnés. Semblablement les lipides membranaires, s'ils sont en arrangement micellaire à l'état natif dans les membranes, évolueront, pendant la fixation qui perturbe les conditions physiques locales, vers l'arrangement lamellaire du feuillet bimoléculaire (fig. 22). Les filaments protéiques dénaturés viendront se plaquer contre les deux faces (polaires) du feuillet bimoléculaire de phospholipides et les constituants des membranes - lipides et protéines - seront donc bien effectivement organisés comme l'avait prévu Danielli, mais ce sera un pur "artefact", résultat de la dénaturation lente des structures entraînée par la fixation chimique.

Sjöstrand proposa de remplacer la fixation chimique par une fixation physique - très grand froid - beaucoup plus rapide et beaucoup moins dénaturante. En pratique, les petits échantillons biologiques à fixer étaient plongés dans le fréon liquide, donc à des températures proches du zéro absolu. Dans ces conditions, l'eau des fluides cellulaires se prend immédiatement en de multiples microcristaux de glace qui n'altèrent pas les structures membranaires. Celles-ci sont elles-mêmes figées immédiatement, vraisemblablement dans leur état réel, au moment de l'immersion dans le fréon liquide : aucune dénaturation ou déformation ne doit se produire. Enfin, ayant ainsi amélioré les procédés de fixation des cellules, Sjöstrand perfectionna également les procédés d'inclusion dans les résines plastiques et ceux de fabrication des coupes ultrafines permettant l'examen au microscope électronique.

Les images de membranes obtenues dans ces nouvelles conditions donnèrent lieu à bien des discussions, parfois passionnées, entre microscopistes et biologistes. Les uns, partisans du modèle de Danielli, ne voulurent voir que des images tripartites sur les micrographies électroniques produites par Sjöstrand. Les autres, adeptes des modèles en sous-unités comme Sjöstrand lui-même virent (ou voulurent voir) une série de petites boules entourées d'un halo noir et serrées les unes contre les autres - "en chapelet" - dans le plan de la membrane. Si ces chapelets furent nettement observés sur les clichés des membranes internes (ou crêtes) des mitochondries, pour les autres membranes cellulaires (membranes du réticulum endoplasmique, plasmalemme, etc.), les discussions furent acharnées et les images de chapelets beaucoup moins évidentes.

Ces images de chapelets s'accordaient bien évidemment, avec les modèles en sous-unités. Or chaque sous-unité, rappelons-le, a deux "calottes" nettement polaires et un coeur hydrophobe, la ceinture équatoriale devant être plutôt de nature hydrophobe (un certain "flou" règne ici dans les propositions de modèles moléculaires faites par les divers auteurs). Comme les métaux contrastants employés pour la microscopie électronique (tetroxyde d'osmium et permanganate de potassium) se fixent sur les parties polaires des édifices moléculaires, c'est donc sur l'enveloppe de la sous-unité que viennent se fixer les ions métalliques contrastants. Ainsi s'expliquent les images en chapelets présentées par les coupes transversales de membranes dans les micrographies électroniques de Sjöstrand.

Cette décade 1960-1970 fut donc fertile en apports nouveaux dans la biologie moléculaire des membranes. Le modèle de Danielli qui commençait à prendre allure de dogme fut d'abord remis en question, puis véritablement remplacé par les modèles en "sous-unités". Ces nouveaux modèles moléculaires intégraient beaucoup mieux les faits apportés par les biophysiciens spécialistes de l'organisation *in vitro* des lipides, les biochimistes réfléchissant sur l'action des détergents sur les membranes et les morphologistes apportant de nouvelles images des membranes sur leurs micrographies électroniques. Cette période de contestation est également passionnante dans la mesure où elle illustre la démarche antidogmatique d'une critique scientifique toujours en éveil.

Mais quelques insuffisances du "modèle en sous-unités" peuvent déjà être signalées. Tout d'abord Luzzati et ses collaborateurs avaient bien montré qu'aux fortes concentrations et aux températures physiologiques, les lipides membranaires s'organisaient préférentiellement en micelles - mais en micelles de type H_{II} (enveloppe hydrophobe, coeur hydrophile). Or les modèles en sous-unités négligent ce point et présentent des arrangements micellaires de type H_{I} (enveloppe hydrophile, coeur hydrophobe). Une telle distorsion entre modèle moléculaire et fait expérimental laisse quelque peu insatisfait. Par ailleurs, deux séries de faits militaient de façon convaincante pour le modèle de Danielli et n'ont pas été remises en question au cours de ces années 1960-1970 : il s'agit, premièrement, des données de la diffraction des rayons X sur des empilements de membranes ou bien sur la gaine de myéline des nerfs. Ces spectres de diffraction des rayons X s'interprètent effectivement en plaçant au centre de l'épaisseur membranaire un feuillet bimoléculaire de phospholipides, exclu par les modèles en "sous-unités". Sjöstrand objectait à ces données fournies par les rayons X le même argument que celui qu'il avait déjà opposé aux images tripartites : les spectres de diffraction nécessitent, pour être obtenus, de longs temps d'exposition aux faisceaux de rayons X. Dessiccations, altérations, dénaturation pouvaient donc fort bien se produire au sein des membranes cellulaires. Cet argument n'était pas pris en compte par les spécialistes de la diffraction des rayons X. Quoiqu'il en soit, les spectres de diffraction n'indiquaient nullement l'existence d'une organisation quelconque des membranes en sous-unités.

Deuxièmement, l'ensemble très important de données expérimentales (épaisseur, capacitance, tension superficielle, perméabilité, etc.) obtenu sur les feuillets bimoléculaires artificiels de phospholipides avait fourni des résultats analogues aux données recueillies sur un très grand nombre de membranes naturelles. Dans ces conditions, des arguments très forts subsistaient, même à la fin des années 1960, sinon en faveur du modèle de Danielli, du moins en faveur de l'arrangement lamellaire (en feuillet bimoléculaire) des phospholipides membranaires.

Enfin l'inadéquation de ces modèles en sous-unités à la réalité devint évidente vers 1970, lorsqu'une nouvelle technique d'étude des membranes en microscopie électronique apparut : l'examen des membranes après cryo-décapage.

CHAPITRE VII

Le modèle de Singer et Nicolson

Au beau milieu de la controverse entre "modèles micellaires" et "modèles lamellaires" firent irruption les images de membranes examinées au microscope électronique après cryo-décapage (fig. 7), images qui ne pouvaient être interprétées ni à l'aide du modèle de Danielli, ni à l'aide des modèles en sous-unités. Mais dès 1972, Singer et Nicolson, deux biochimistes américains, proposèrent le "*modèle moléculaire de membrane en mosaïque fluide*", modèle intégrant tous les faits expérimentaux obtenus jusqu'alors. Ce nouveau modèle conquit très vite l'approbation unanime de la communauté internationale des biologistes et vers les années 1976-1977, le modèle de Singer commença à jouer le rôle qu'avait joué le modèle de Danielli dans les années 1960. Dans les manuels de biologie, le modèle de Danielli s'effaça donc au profit du modèle de Singer. Succès mérité car, pour la première fois, ce modèle constitue un véritable outil pour les biologistes des diverses disciplines : immunologistes, bioénergéticiens, physiologistes, pharmacologistes... Ceci explique que près de 15 ans après sa première formulation, le modèle de Singer et Nicolson soit celui dont tous les biologistes du monde continuent à se servir !

1. La technique du cryo-décapage

Il est tout d'abord nécessaire de repréciser quelles sont les techniques mises en oeuvre pour préparer les échantillons biologiques avant l'examen en microscopie électronique après cryo-décapage. La fixation des échantillons biologiques est réalisée à très basse température : communément l'échantillon est plongé dans un bain de fréon liquide, ce qui évite quasiment tous les "artefacts" puisque l'eau des cellules se transforme immédiatement en microcristaux et que les structures sont brusquement rigidifiées à l'état natif. Le caractère non dénaturant de cette fixation a d'ailleurs été démontré par l'expérience suivante : des cellules de levures (petits champignons unicellulaires de taille microscopique) fixées au fréon liquide furent très doucement ramenées à la température ordinaire dans un milieu glycériné : le taux de survie fut proche de 100 % !

Après fixation, les échantillons, maintenus dans des enceintes refroidies à - 120°C, sont *fracturés.* C'est cette opération de fracture au froid (cryofracture) qui distingue radicalement cette technique. La préparation des échantillons pour la microscopie électronique traditionnelle implique en effet la réalisation de coupes ultrafines dans la masse de l'échantillon biologique par le couteau en diamant de l'ultra-microtome ; au contraire, dans le cas du cryo-décapage, le couteau (lui-même refroidi à - 120°C) *fracture* l'échantillon biologique, c'est-à-dire qu'il en divise la masse en deux morceaux : l'un entraîné avec le couteau (effectuant une sorte de mouvement de balancier), l'autre demeurant après la fracture (fig. 23). C'est la surface même du morceau fracturé qui sera bien mise en évidence par un *décapage* supplémentaire de la surface, réalisé également à très basse température dans une enceinte où règne un vide très poussé. Dans ces conditions, une partie des microcristaux de glace entourant l'échantillon et ceux présents au sein même des cellules se volatilisent (phénomène physique de la "sublimation"). La surface de la glace autour de l'échantillon s'abaisse (parce que la masse des cristaux entourant l'échantillon est trop importante pour être totalement sublimée) et toutes les structures de la ligne de fracture apparaissent dépourvues d'eau. Cette ligne de fracture qui traverse l'échantillon est en fait un plan de moindre résistance à la pression latérale du couteau à basse température. Ce plan de moindre résistance est parallèle à la surface d'étalement des membranes (l'épaisseur des membranes résiste plutôt à la pression du couteau). De là vient la nouveauté considérable des

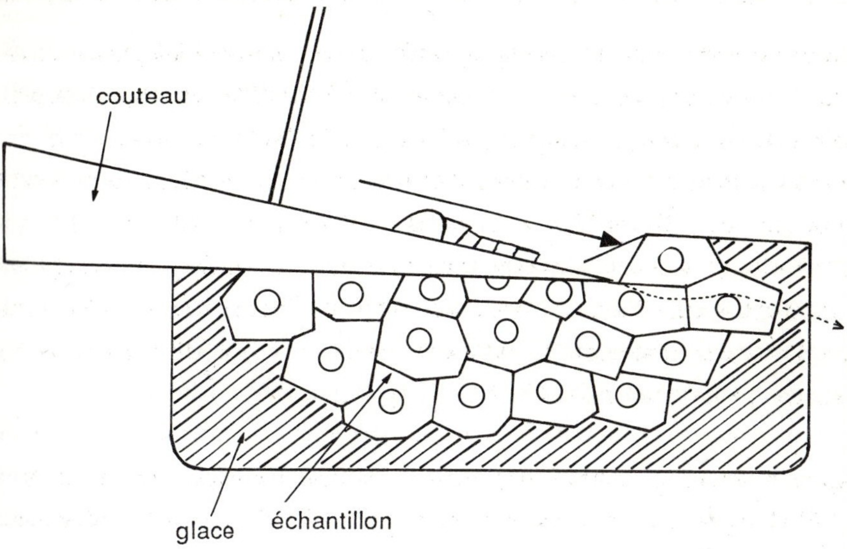

Figure 23
Fracture d'un échantillon biologique (fixé à très basse température) pour l'examen ultérieur, en microscopie électronique, d'une réplique de la surface de fracture, après cryo-décapage.

images fournies en microscopie électronique après cryo-décapage : au lieu d'être des coupes montrant des épaisseurs de membranes comme en microscopie électronique traditionnelle, les vues de membranes offertes à l'observateur sont des vues planes, présentant des fragments de plans membranaires.

Les surfaces mises à nu et décapées sous vide sont ensuite recouvertes (par pulvérisation déclenchée par un arc électrique) d'une fine couche de carbone et de chrome. Ramenés à la température du laboratoire, les tissus adhérant à la "réplique" de chrome-carbone sont éliminés par traitement aux acides forts (nitrique et sulfurique). C'est donc la réplique de chrome-carbone, reproduisant tous les détails de la surface de fracture décapée, qui est directement examinée dans le microscope électronique. On obtient ainsi, pour toutes les membranes péri- et endocellulaires, des images du type de celle présentée figure 7. Ces images obtenues par cryo-décapage sont maintenant aussi classiques que l'image tripartite en microscopie électronique traditionnelle. Toutes les membranes examinées montrent un fond lisse parsemé de particules globulaires ayant environ 120 Å de diamètre, particules le plus souvent enchassées dans ce fond lisse. Quelquefois cependant, les particules ont été entraînées par le couteau et l'on ne voit pas la particule elle-même sur la réplique, mais seulement une dépression marquant la place de cette particule. Les particules sont le plus souvent dispersées de façon aléatoire sur toute la surface de la membrane, mais elles peuvent aussi être regroupées en agrégats, certaines parties de fond lisse étant alors libres de toutes particules. En réfléchissant dans les années 1970 sur ces nouvelles techniques microscopiques, en examinant ces nouvelles images de membranes, des auteurs comme Moor, Muhlethaler ou Branton rejetèrent les modèles en sous-unités proposés dans la décade précédente. En effet, les images de membrane incitaient fortement les chercheurs à revenir à un arrangement lamellaire (de type Lα) pour l'organisation moléculaire des lipides membranaires : en supposant que les phospholipides membranaires étaient arrangés en feuillet bimoléculaire, les spécialistes du "cryo-décapage" s'aperçurent que le plan médian du feuillet bimoléculaire (sous conformation Lβ à très basse température) était lui-même un plan de moindre résistance. A la température du fréon liquide il ne subsistait effectivement plus beaucoup de liaisons entre les extrémités des chaînes d'acides gras rigidifiés. Le couteau du microtome, au moment de la fracture en cryo-décapage, pouvait fort bien passer par ce plan médian du feuillet bimoléculaire de phospholipides, enlevant la couche monomoléculaire supérieure et ne laissant ainsi que la couche monomoléculaire inférieure. En d'autres termes, l'opération de fracture préparatoire à l'examen des membranes après cryo-décapage pouvait donc mettre à nu la surface externe d'une membrane, le "coeur" de la membrane (en supposant que les lipides s'y trouvent organisés en feuillet bimoléculaire), ou la surface interne de la membrane.

Ce retour à l'arrangement lamellaire des lipides se traduisit par une nouvelle proposition d'arrangement moléculaire des lipides et des protéines. C'est ce que firent Singer et Nicolson.

2. Le modèle

Dès 1972, Singer et Nicolson prouvèrent que les particules sur les images obtenues en microscopie électronique après cryo-décapage étaient des *protéines* globulaires. La démonstration de ce fait fut apportée essentiellement par deux méthodes : la première consistait à traiter des membranes isolées par des protéases (enzymes qui hydrolysent - donc détruisent - les protéines). A la suite du traitement par les enzymes protéolytiques, les membranes étaient examinées en microcopie électronique après cryo-décapage. Plus le traitement enzymatique était prolongé, plus le nombre de particules globulaires sur les micrographies électroniques était réduit, ce qui signifiait donc bien que les particules étaient des protéines. L'autre méthode consistait à préparer des anticorps contre les protéines membranaires en injectant, par exemple, des protéines grossièrement purifiées de plasmalemme de globule rouge humain à des lapins. Les anticorps extraits quelques temps après des sérums de lapin pouvaient être chimiquement couplés avec des molécules repérables au microscope électronique (molécules de ferritine totalement sphériques par exemple). Ainsi lorsque des plasmalemmes frais de globules rouges étaient d'abord traités par les anticorps conjugués à la ferritine, puis examinés au microscope électronique après cryo-décapage, on repérait parfaitement les molécules-marqueurs de ferritine auprès de chaque particule de 120 Å, ce qui, d'une autre façon, identifiait bien ces molécules comme des protéines.

Le fond lisse des images fournies après cryo-décapage fut donc assimilé à des lipides membranaires : on vérifia d'ailleurs, sur systèmes lamellaires aussi bien que micellaires, que la limite de résolution du microscope électronique après cryo-décapage ne permettait pas de visualiser autre chose qu'une surface lisse.

S'appuyant sur les données morphologiques, sur la nature essentiellement hydrophobe de la liaison entre lipides et protéines dans les membranes, sur la conformation globulaire des protéines membranaires (des techniques spectroscopiques avaient permis à Singer d'établir, en 1970, que les protéines des membranes avaient bien une conformation *globulaire* et non fibrillaire comme postulé par Danielli), arguant aussi du fait que la diffraction des rayons X indiquait une structure lamellaire (en feuillet bimoléculaire) pour les phospholipides, Singer et Nicolson proposèrent donc leur modèle moléculaire de membrane "en mosaïque fluide" (fig. 24).

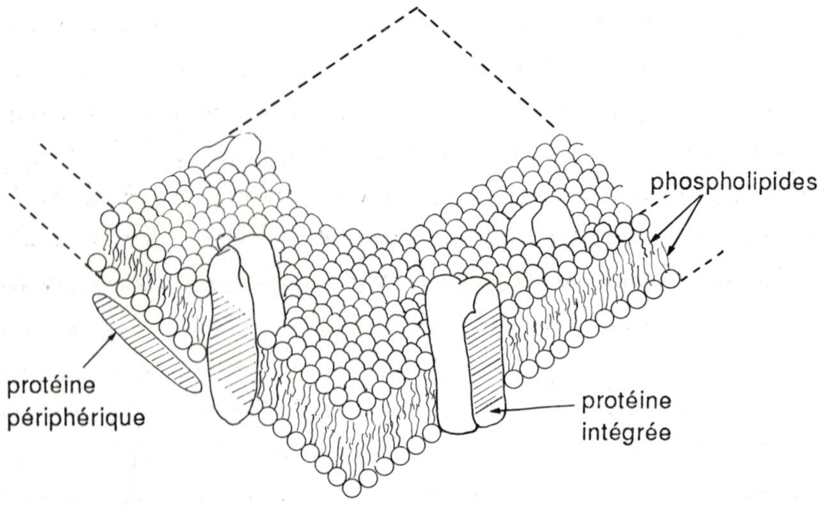

Figure 24
Modèle moléculaire de membrane «en mosaïque fluide» représenté en trois dimensions d'après Singer et Nicolson. La partie hachurée des protéines intégrées est formée de restes d'acides aminés essentiellement hydrophobes. La liaison entre lipides et protéines intégrées est donc essentiellement de nature hydrophobe alors que la liaison entre lipides et protéines périphériques met en jeu des liaisons électrostatiques entre têtes polaires des phospholipides et résidus chargés d'acides aminés.

En premier lieu, les auteurs adoptèrent l'organisation en feuillet bimoléculaire des phospholipides membranaires, proposée 50 ans auparavant par Gorter et Grendel. En second lieu, ils ajoutèrent des protéines globulaires à ces lipides et divisèrent les protéines membranaires en deux catégories : *1) les protéines globulaires intégrées (ou intrinsèques)*, très fortement liées à la structure membranaire par un grand nombre de liaisons hydrophobes et que l'on ne peut séparer des lipides membranaires qu'en traitant les membranes avec des détergents. Certaines protéines intégrées traversent d'ailleurs de part en part toute l'épaisseur de la membrane et sont constituées d'une partie centrale formée d'acides aminés essentiellement hydrophobes et de deux calottes "polaires" dépassant le plan du feuillet bimoléculaire de phospholipides, contractant ainsi des liaisons électrostatiques avec les "têtes polaires" lipidiques et avec les molécules d'eau entourant la membrane. *2) les protéines globulaires périphériques (ou extrinsèques)*, protéines beaucoup plus faiblement liées à la structure membranaire. Elles sont donc vraiment superficielles, accolées à l'une des faces (généralement la face interne de la membrane) et leurs liaisons avec la structure membranaire sont essentiellement de nature électrostatique : on extrait assez facilement ces protéines périphériques des membranes en traitant ces structures par des solutions salines (une solution de chlorure de potassium à 10 % par exemple).

Pour saisir toute l'originalité du modèle de Singer et Nicolson, il faut bien considérer que dans celui-ci, lipides et protéines coexistent dans l'épaisseur de la membrane : vue de dessus, la surface membranaire montre une sorte de mosaïque de zones lipidiques et de zones protéiques juxtaposées, ce qui est déjà une proposition très originale. Mais de plus, les auteurs ont conçu un modèle "en mosaïque fluide", indiquant par là que l'arrangement de ces zones lipidiques et protéiques n'était pas immuable. Au contraire, le "puzzle" formé par les protéines et les lipides évolue continuellement : pour reprendre une image des auteurs, les protéines intégrées forment, dans le modèle proposé, des icebergs flottant et se déplaçant dans une mer de lipides, mer par ailleurs très agitée !

Quelques-unes des propriétés nouvelles des biomembranes découvertes dans les années 1970 sont bien expliquées par le modèle de Singer et Nicolson. En premier lieu, il se confirme que l'examen en microscopie électronique après cryo-décapage d'une structure telle que nous venons de la présenter fournira bien les images observées grâce à cette technique : la ligne de fracture passe le long des faces de la membrane ou (et c'est le cas le plus fréquent) au plan médian du feuillet bimoléculaire de phospholipides ; l'observateur verra donc à l'examen de la réplique de la face de fracture, un fond lisse pour les lipides et des particules pour les protéines (périphériques ou intégrées). Si le couteau a emporté la protéine, il ne restera dans le fond lisse de la matrice lipidique que le creux correspondant à la place occupée *in situ* par la protéine membranaire. Par ailleurs, comme toutes les protéines membranaires ont une activité enzymatique, ces protéines sont forcément *globulaires* et il n'y a donc plus place pour les protéines fibrillaires imaginées par Danielli. Enfin, comme l'avaient fortement souligné les partisans des modèles en sous-unités, dans le modèle de Singer et Nicolson la liaison entre protéines intégrées et lipides membranaires est bien de nature hydrophobe. Mais l'importance du modèle élaboré par Singer et Nicolson ne se limite pas au fait que les biologistes peuvent désormais *expliquer* les images microscopiques ou les caractéristiques biochimiques des membranes. Ainsi, tenant compte du mouvement des molécules lipidiques dans le feuillet bimoléculaire du modèle, les physiologistes peuvent travailler sur la biogenèse des membranes dans les différents compartiments cellulaires : ils étudient aussi l'asymétrie des structures membranaires. Par ailleurs, l'état plus ou moins fluide des matrices lipidiques étant en effet directement fonction de la vitesse de déplacement des molécules lipidiques au sein des membranes, la résistance des organismes vivants aux températures extrêmes (très froides ou très chaudes) pourra être corrélée à l'effet de ces températures sur le mouvement des molécules lipidiques dans les membranes. Ainsi, la résistance au froid ou aux gelées des plantes cultivées (fondamentale du point de vue économique) peut aujourd'hui être étudiée à l'échelle de la physiologie moléculaire par le biais du modèle de Singer et Nicolson.

De même, le déplacement des antigènes de surface des cellules intéresse au plus haut point les immunologistes : ceux-ci tentent désormais d'expliquer les mouvements d'antigènes en suivant aussi précisément que possible le mouvement des protéines membranaires. Enfin, les bioénergéticiens s'efforcent de rendre compte des transformations d'énergie se produisant dans les membranes des chloroplastes ou des mitochondries, en recherchant quelles protéines membranaires acceptent les électrons qui transitent dans ces membranes, comment ces transporteurs d'électrons se déplacent (si toutefois ils se déplacent) dans la matrice lipidique, etc.

Le modèle de Singer et Nicolson fournit ainsi un *cadre conceptuel de référence* permettant à chaque spécialiste d'exploiter une des propriétés intéressantes de ce modèle pour ses propres recherches.

3. Le mouvement permanent des lipides membranaires

Mieux cerner les caractéristiques du mouvement des lipides est donc un axe de recherche privilégié. Ainsi, qu'en est-il de ce mouvement aux températures moyennes où vivent les êtres vivants (de 0 à 30°C habituellement pour les plantes des régions tempérées, 37°C pour l'homme par exemple), est-ce que ces molécules lipidiques sont immobiles, figées sur place ? McConnell et ses collaborateurs ont démontré au contraire que le long de la surface de la membrane, c'est à dire à l'intérieur d'un des deux feuillets monomoléculaires situés au centre du modèle, la *mobilité des lipides est extrêmement grande*. Il est en effet possible de repérer une molécule de phospholipide donnée en synthétisant une molécule analogue à la phosphatidylcholine, la molécule de phospholipide la plus fréquente dans presque toutes les membranes biologiques : la formule de cet analogue (qu'on appelle phosphatidyl-tempocholine pour phosphatidyl - 2, 2, 6, 6, tétraméthyl-N-oxyl-piperidine-choline) peut être comparée à celle d'une molécule membranaire réelle (fig. 3).

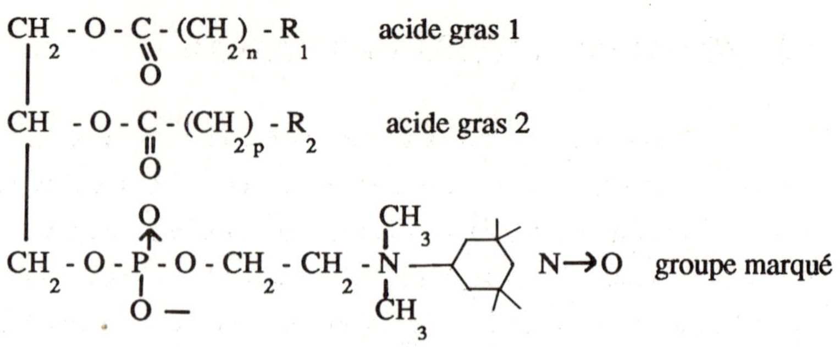

Une telle molécule artificielle placée dans le champ magnétique d'un appareil de résonnance magnétique nucléaire (RMN), délivre un signal de forme bien caractéristique que les biophysiciens savent amplifier et enregistrer. Ces analogues des phospholipides à groupe tempocholine sont donc appelés des "marqueurs de spin" ; leur signal permet en effet de les suivre dès qu'ils sont placés dans un champ magnétique. En introduisant ces "marqueurs de spin" dans des feuillets bimoléculaires artificiels ou dans des membranes naturelles, les biophysiciens ont donc pu démontrer que ces molécules diffusaient "latéralement" - c'est à dire dans le plan de la surface de la membrane, avec une vitesse extraordinairement grande. Des coefficients de diffusion très précis ont pu être calculés pour toutes sortes de phospholipides : il en ressort qu'une molécule de phospholipide peut faire le tour complet d'une bactérie d'environ 1 µm de long, comme le colibacille, en trois secondes !

Dans le modèle de Singer et Nicolson les molécules de phospholipides se déplacent donc sans cesse d'un point à un autre du plan membranaire, dans un mouvement sans doute totalement désordonné aux températures physiologiques, ce qui entraîne un brassage continuel de la composition lipidique en un point précis de la membrane et la diffusion continue des lipides des sites de synthèse à toutes les surfaces membranaires intercommunicantes.

4. La séparation latérale des phases

Il faut faire cependant deux restrictions à cette image des molécules lipidiques en mouvement permanent. En premier lieu, on admet souvent qu'il existe un "halo" de molécules lipidiques autour des protéines membranaires "intégrées", lipides partiellement immobilisés par leurs liaisons (hydrophobes) avec ces protéines. En vérité, on discute beaucoup entre biophysiciens depuis une quinzaine d'années pour savoir si chaque protéine "intégrée" est entourée d'un halo constant dans sa composition ou, au contraire, d'un halo renouvelé au cours du temps. Ce qui est certain, c'est que la mobilité des lipides situés dans le voisinage immédiat des protéines intégrées est plus limitée que celle des phospholipides éloignés, diffusant à grande vitesse dans le plan d'un feuillet monomoléculaire.

La deuxième restriction que l'on doit apporter à l'idée de la diffusion latérale rapide des phospholipides membranaires concerne l'effet des basses températures (compatibles avec la vie, naturellement, c'est à dire - 10 à + 10°C, environ). A ces basses températures, certaines espèces phospholipidiques (généralement celles contenant des acides gras saturés) se rigidifient et forment une espèce de bloc figé ou pour le moins très visqueux au sein du feuillet bimoléculaire de la membrane. Dans ces blocs, la mobilité latérale des lipides est évidemment très faible, sinon nulle, et les zones membranaires rigides peuvent aisément se casser : ce qui entraîne la destruction des cellules par fuite d'ions ou d'autres composants cellulaires. A coté de ces zones rigides coexistent des zones restant fluides où la mobilité latérale des phospholipides, dans le plan de la membrane, peut encore être observée, même à basse température ; ces zones rassemblent des espèces moléculaires de phospholipides contenant essentiellement des acides gras insaturés.

Cette "séparation latérale des phases" à basse température provoque l'expulsion des protéines intégrées des zones rigides et leur rassemblement dans les zones fluides où elles se trouvent apparemment plus à l'aise. Ceci se traduit par des images en microscopie électronique après cryo-décapage tout à fait particulières:on y observe en effet des zones lisses, libres de toutes particules, très étendues (ce sont les zones de phospholipides figés, immobilisés par le froid pourrait-on dire) à côté de zones où les particules sont très nombreuses, agrégées les unes aux autres : ce sont les zones lipidiques restées fluides, où la diffusion latérale des lipides à grande vitesse persiste et où les protéines intégrées, chassées des zones rigides sont venues se réfugier. La "séparation latérale des phases", dans les lipides membranaires, est un phénomène réversible : il suffit de réchauffer la membrane à 25-30°C pour que les phases rigides se fluidifient à nouveau, pour que la diffusion latérale concerne à nouveau toutes les espèces lipidiques et pour que les protéines intégrées, initialement agrégées, se répartissent à nouveau de façon aléatoire sur tout le territoire membranaire.

La résistance des organismes au froid se fonde sur leur capacité à maintenir la fluidité membranaire à basse température. Pour aboutir à ce résultat, diverses synthèses de lipides s'effectuent dans les cellules refroidies ; ces lipides membranaires nouvellement synthétisés compensent alors (par leurs propriétés fluidifiantes) les rigidifications imposées par les basses températures.

5. Le mouvement de "flip-flop" des lipides et l'asymétrie des membranes

La seule mobilité moléculaire évoquée jusqu'à présent, a été une mobilité "*latérale*" des phospholipides, c'est-à-dire que seul un mouvement rapide, parallèle au plan membranaire et s'exerçant uniquement au sein de chacun des deux feuillets monomoléculaires, a été pris en compte. Mais la question du passage des phospholipides du feuillet monomoléculaire externe dans le feuillet interne (ou réciproquement) fut rapidement posée. Les spécialistes de l'étude du mouvement des molécules membranaires désignèrent même du nom de "flip-flop" ce saut envisagé d'une molécule d'un versant du feuillet bimoléculaire de phospholipides à l'autre. (Tous les mouvements concernant les molécules de phospholipides dans le

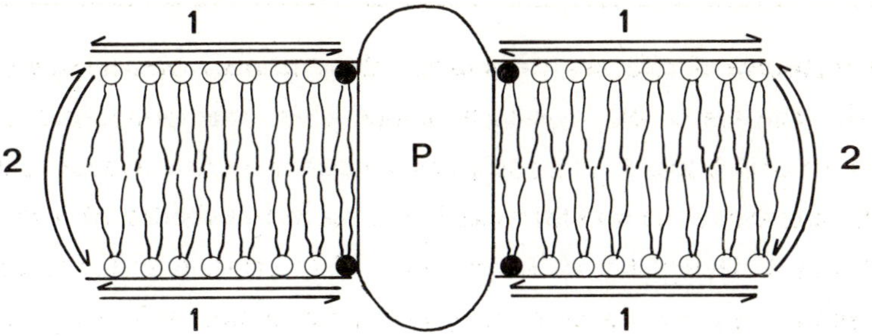

Figure 25
Les mouvements envisageables pour les molécules de phospholipides dans le modèle de Singer et Nicolson. 1 : Mouvement de diffusion latérale dans le plan de la membrane. La technique des marqueurs de spin indique que cette diffusion s'effectue à très grande vitesse. Seules les molécules (dessinées en noir foncé) directement au contact des protéines intégrées (P) pourraient être relativement immobilisées. 2 : Mouvement de «flip-flop» faisant passer un phospholipide du versant monomoléculaire externe vers le versant interne ou inversement. Dans les feuillets bimoléculaires artificiels ce mouvement est physiquement «interdit».

feuillet bimoléculaire du modèle de Singer, tels que les biophysiciens ont pu les décrire à l'aide de la technique des marqueurs de spin, se trouvent résumés figure 25.) A l'aide de marqueurs de spin et des signaux émis en résonance magnétique nucléaire, il fut démontré que dans les feuillets bimoléculaires *artificiels*, ces mouvements de "flip-flop" étaient en moyenne tellement lents - s'étalant fréquemment sur plusieurs jours - qu'on pouvait les considérer comme "interdits". Une explication physique fut même rapidement proposée pour justifier cette interdiction : si une molécule de phospholipide pouvait passer d'un feuillet monomoléculaire à l'autre, au sein de la bicouche de phospholipides, cela aurait signifié que la tête polaire de la molécule aurait pu traverser le barrage central hydrophobe des acides gras, ce qui paraît impossible a priori.

En fait, cette idée de l'interdiction du mouvement de "flip-flop" des lipides membranaires est passée par deux phases bien distinctes. Interdiction absolue dans un premier temps puisque de 1972 à 1977, la plupart des biologistes ont cru à la réalité de cette interdiction physique. Ils en ont vu une conséquence dans une idée qui était fort à la mode dans ces années-là : *celle de l'asymétrie de répartition des lipides membranaires dans la bicouche.* Si l'on attaquait une membrane biologique par une phospholipase (enzyme hydrolysant les phospholipides), pendant un temps assez court, on observait généralement qu'une catégorie particulière de phospholipides (la phosphatidylcholine par exemple) se trouvait préférentiellement détruite. Les autres catégories de phospholipides (phosphatidyléthanolamine, phosphatidylsérine, etc.) restaient indemnes dans la membrane. On a conclu de ces résultats que la phospholipase, agissant pendant un temps court, ne pouvait attaquer que les phospholipides présents dans le versant externe du feuillet bimoléculaire : donc la phosphatidycholine (dans notre exemple) se trouvait concentrée essentiellement dans ce versant externe. Les autres phospholipides, non attaqués par l'enzyme, devaient se trouver dans le versant interne du feuillet bimoléculaire. Cette asymétrie de répartition des lipides, que l'expérience semblait confirmer, s'accordait évidemment très bien avec l'interdiction du mouvement de "flip-flop" qui, s'il avait pu se produire, aurait forcément uniformisé la composition des deux versants du feuillet bimoléculaire de phospholipides.

Dans un deuxième temps (de 1978 à nos jours), la réalité de l'interdiction de tout mouvement de "flip-flop" des phospholipides dans les membranes fut mise en doute. Tout d'abord, l'asymétrie de répartition des lipides entre les deux versants du feuillet bimoléculaire, est une idée controversée depuis quelques années par des auteurs comme Vagelos. Les résultats de l'attaque des membranes par les phospholipases peuvent en effet s'expliquer autrement que par le raisonnement précité : si la phospholipase a une spécificité très marquée, (c'est à dire attaque beaucoup plus rapidement la phosphatidylcholine que toute autre espèce de phospholipides), lorsque des membranes naturelles seront soumises à l'attaque de la phospholipase, ce seront d'abord les molécules de phosphatidylcholine qui disparaîtront, mais cela ne signifiera pas pour autant que seules ces molécules se trouvaient sur le versant externe de la membrane. Et c'est bien ce que les expériences ultérieures ont confirmé : la plupart des phospholipases ont une spécificité bien marquée (elles attaquent préférentiellement une catégorie de phospholipides) et les résultats obtenus à la suite de l'attaque des membranes par ces phospholipases ne viennent donc plus étayer la thèse de l'asymétrie de distribution des lipides membranaires entre les deux versants du feuillet bimoléculaire.

Par ailleurs, des biologistes du groupe de Van Deenen (en Hollande) ont montré en 1981, à l'aide de molécules marquées par des isotopes radioactifs, que le mouvement de "flip-flop" se produisait bien dans les membranes naturelles en présence de protéines. Certaines protéines (telle la glycophorine des globules rouges) facilitent ce type de mouvement d'une manière encore mal comprise, rendant ainsi inévitable une certaine uniformisation dans la composition en lipides des deux versants du feuillet bimoléculaire central du modèle de Singer. Ces questions sont encore l'objet de débats et nous y reviendrons brièvement dans le dernier chapitre.

6. La mobilité des protéines et le mouvement des antigènes de surface

Les protéines "intégrées" sont également mobiles dans le modèle de Singer et Nicolson. Il faut cependant tout de suite ajouter que la vitesse de déplacement de ces protéines est environ 1000 fois plus faible que celle des molécules de phospholipides. Autant dire que comparées à celles-ci les protéines apparaissent parfaitement immobiles. En fait, le froid, qui entraîne la séparation latérale des phases lipidiques et l'agrégation des protéines dans les zones fluides, provoque un *mouvement* - et même un mouvement assez rapide - des protéines intégrées. Mais on pourra objecter que ce ne sont pas là des conditions physiologiques tout à fait normales.

Cependant, le mouvement des protéines membranaires intégrées a été démontré, à la température ordinaire du laboratoire (20°C), par deux chercheurs américains :

Frye et Edidin, en 1970. Ces auteurs ont utilisé des cultures de cellules isolées de souris, cellules aujourd'hui utilisées dans un grand nombre de laboratoires : les cellules isolées se multiplient en milieu liquide et pourvu que le milieu soit périodiquement renouvelé, les lignées de cellules, réensemencées régulièrement sur du milieu neuf, peuvent être conservées pendant plusieurs années. Frye et Edidin ont d'abord fabriqué des anticorps contre les protéines membranaires de leurs cellules de souris en culture en injectant des fragments de membranes à des lapins ou des chèvres ; après quelques jours, ces animaux avaient fabriqué en grande quantité des anticorps contre les protéines étrangères qui se trouvaient dans leur sang. En recueillant le plasma sanguin de ces animaux, Frye et Edidin purent facilement récupérer les anticorps. Ceux-ci furent alors conjugués (c'est à dire liés de façon covalente) avec des colorants fluorescents : certains anticorps furent liés avec des colorants émettant une lumière rouge sous le microscope à fluorescence, d'autres liés avec des colorants émettant une lumière verte.

Après ces étapes préliminaires, longues mais indispensables, Frye et Edidin réalisèrent l'expérience cruciale démontrant la mobilité des protéines membranaires : une cellule isolée d'une culture fut traitée par des anticorps fluoresçant en vert (anticorps liés aux protéines membranaires), et, observée au microscope à fluorescence, apparut presque uniformément verte. Une autre cellule traitée par des anticorps fluoresçant en rouge apparut pratiquement uniformément rouge. Frye et Edidin provoquèrent alors, à l'aide de certains agents chimiques, la fusion des deux cellules, plus précisément la fusion des deux cytoplasmes (les noyaux ne fusionnent généralement pas dans ce type d'expérience). Ils obtinrent alors un hybride des deux cellules constitué par une grande masse cytoplasmique entourée d'un plasmalemme unique - les deux plasmalemmes primitifs avaient fusionné - et contenant deux noyaux. Immédiatement après la fusion, cette sorte de "monstre cellulaire" à deux noyaux montra nettement sous le microscope à fluorescence une moitié verte et une moitié rouge correspondant aux deux plasmalemmes primitifs qui avaient fusionné et dont les protéines intégrées restaient liées à leurs anticorps respectifs. Mais au bout d'une heure, le tableau changea :

Frye et Edidin observèrent une sorte de mosaïque de parties vertes et de parties rouges et plus le temps passait, plus la distribution en mosaïque des zones vertes et rouges s'accentuait à la surface des deux cellules fusionnées. Frye et Edidin en donnèrent l'interprétation suivante : la mobilité latérale dans le plan de la membrane des protéines "intégrées", a entraîné le mélange progressif - sur toute la surface membranaire des cellules fusionnées - des protéines provenant soit d'une cellule soit de l'autre, chacune entraînant avec elle l'anticorps auquel elle était liée ; d'où l'image en mosaïque verte et rouge sous le microscope à fluorescence. (Par ailleurs, Frye et Edidin ont aussi montré que les basses températures ralentissaient considérablement ce mouvement de diffusion latérale des protéines et qu'au contraire les températures élevées l'accéléraient beaucoup.) Ainsi l'image de la membrane formée d'une mer de lipides dans laquelle flotteraient des "icebergs protéiniques" ballottés au gré des flots se trouve assez bien confirmée par l'expérience de Frye et Edidin.

Ces travaux démontrent l'existence de mouvements - relativement lents - de diffusion latérale des protéines dans le plan d'étalement de la membrane. Singer et Nicolson ont envisagé d'autres mouvements pour ces composés, par exemple la rotation d'une protéine intégrée autour de son axe longitudinal, perpendiculaire au plan de la membrane : rien ne s'oppose physiquement à ce mouvement (sinon les frottements exercés sur la protéine par la matrice lipidique plus ou moins visqueuse) puisque dans le modèle proposé par les deux chercheurs américains, les calottes polaires de protéine n'ont pas à franchir le barrage central hydrophobe de la membrane lors d'une telle rotation. En revanche, la rotation d'une protéine intégrée autour d'un axe parallèle au plan d'étalement de la membrane semble physiquement interdite : il faudrait cette fois qu'une partie polaire de la protéine - celle qui se trouve par exemple *au-dessus* du plan de la membrane - franchisse le barrage hydrophobe constitué par les chaînes d'acides gras au centre du feuillet bimoléculaire pour se retrouver, après rotation complète, *au-dessous* du plan de la membrane. Il faudrait donc fournir beaucoup d'énergie au système pour permettre le passage de la partie polaire (chargée électriquement) à travers la couche centrale isolante. Un tel mouvement paraît donc interdit spontanément par les lois physico-chimiques et rien n'indique qu'il puisse se produire dans les membranes.

On peut ajouter qu'il existe souvent sous les plasmalemmes (du côté cytoplasmique) un réseau de protéines périphériques contractiles (comme le réseau de molécules de "spectrine" sous la membrane du globule rouge). Ces protéines périphériques contractiles sont souvent au contact des molécules intégrées qui traversent toute l'épaisseur du feuillet bimoléculaire des lipides et il est évident que la contraction de ces protéines périphériques en présence de certains agents chimiques (des ions calcium, de l'ATP, certaines molécules) provoquera un mouvement d'agrégation en cascade des protéines intégrées qui se rapprocheront les unes des autres sous l'effet de la contraction.

7. La perméabilité membranaire

La vision "dynamique" des membranes introduite par le modèle de Singer et Nicolson, vision selon laquelle toutes les molécules de lipides ou de protéines sont mobiles dans la structure, a également entraîné les physiologistes à considérer d'une façon tout à fait nouvelle le problème du franchissement des barrages membranaires par les molécules.

Il est tout à fait remarquable de constater que la plupart des données accumulées sur la perméabilité des membranes naturelles aux drogues, aux ions, aux composés ordinaires du métabolisme cellulaire, s'expliquent très bien à l'aide du modèle de Singer. Il faut rappeler tout d'abord l'excellent accord constaté entre les valeurs de divers paramètres mesurées sur des feuillets bimoléculaires artificiels et celles mesurées sur des membranes naturelles (voir le tableau II). Cette concordance s'explique encore mieux avec le modèle de Singer qu'avec le modèle de Danielli. Dans ce dernier le feuillet bimoléculaire de phospholipides était en effet recouvert de protéines fibrillaires sur ses deux faces, ce qui devait - a priori - perturber les mesures de perméabilité, de tension superficielle, de capacitance, etc. Dans le modèle de Singer, de larges portions du feuillet bimoléculaire de phospholipides sont "nues" : les protéines globulaires intégrées se trouvent noyées dans l'épaisseur de la bicouche lipidique, mais entre ces protéines, une grande partie de la surface membranaire est constituée du seul feuillet bimoléculaire de phospholipides. On comprend donc aisément que la perméabilité des membranes naturelles aux substances organiques soit à peu près la même que celle d'un feuillet bimoléculaire artificiel : en particulier, les substances hydrophobes (solubles dans les lipides) traversent plus facilement la couche centrale d'acides gras que les substances hydrophiles ; par ailleurs, les substances lipophiles de faibles poids moléculaires diffusent plus vite à travers les membranes que les substances lipophiles de poids moléculaires élevés.

Il reste cependant à expliquer deux caractéristiques essentielles de la perméabilité des membranes naturelles. Ce sont : 1) le franchissement très rapide des membranes par certaines molécules impliquées dans le métabolisme général des cellules ; des sucres, des acides aminés - pourtant très hydrophiles - traversent les barrages membranaires hydrophobes à des vitesses que les lois physico-chimiques ne laissent pas prévoir. 2) Le passage d'ions à travers les membranes, souvent à contre-courant du gradient de concentration, que nous avons appelé le "transport actif" des ions (voir p.13), fondamental notamment dans la physiologie rénale.

Pour la première fois dans l'histoire de la physiologie cellulaire, le modèle de Singer et Nicolson permet d'esquisser une première explication. Ce modèle prévoit en effet des protéines intégrées traversant toute l'épaisseur du feuillet bimoléculaire. On peut donc penser que plusieurs protéines (présentant en surface des charges électriques) peuvent s'associer pour former un système de transport des ions ou des métabolites à travers la membrane. Stein et d'autres auteurs après lui ont en effet amplement démontré vers 1960 que les substances hydrophiles (aci-

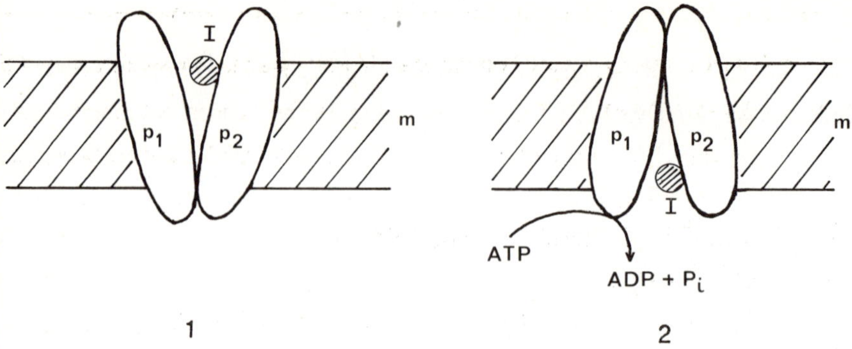

Figure 26
Schéma pouvant expliquer un transport actif d'ion, dans le cadre du modèle de Singer et Nicolson.
1. L'ion I se lie à l'une des protéines (p_2) du groupe de protéines vecteurs (p_1 , p_2) noyées dans la matrice lipidique (m).
2. La protéine p_1 est une ATPase qui hydrolyse l'ATP. L'énergie délivrée détermine un changement de configuration du groupe des protéines vecteurs (p_1, p_2) et l'ion I se trouve avoir franchi le barrage hydrophobe.

des aminés, sucres) ou les ions qui franchissent le barrage membranaire, le font après liaison avec une (ou des) protéines(s) vecteur(s). La figure 26 donne une image très simplifiée d'un ensemble composite (multimérique) de protéines vecteurs qui pourrait changer de conformation après liaison avec la molécule devant franchir le barrage membranaire hydrophobe. Si ce changement de conformation nécessite un apport d'énergie (le plus souvent sous forme d'ATP) pour se produire, on peut mieux comprendre le transport actif. L'énergie libérée par l'ATP force en effet la protéine à changer de conformation et, dans le même temps, l'ion à pénétrer à l'intérieur de la cellule. Il a été effectivement démontré (Stein, 1967) que certains vecteurs d'ions permettant le transport actif sont en fait des ATPases : on les nomme "pompes à calcium", "pompe à sodium", "pompe à potassium". L'hydrolyse de l'ATP par ces "pompes" est couplée à un changement conformationnel du groupe des protéines vecteurs. Ce peut être là, la clef du transport actif. La question n'est cependant pas encore tranchée et bien des recherches restent à faire pour confirmer un tel schéma. Néanmoins cette hypothèse de travail est l'une des conséquences heureuses de la formulation du modèle moléculaire de Singer et Nicolson.

8. Les conversions d'énergie intracellulaires

Un autre exemple de l'utilisation féconde en recherche de ce modèle est fourni par la bioénergétique. Cette partie de la biologie qui consiste en effet à expliquer comment s'effectuent les conversions (ou transductions) d'énergie dans les membranes des êtres vivants a été profondément rénovée, à partir des années 1960, par les idées du chercheur britannique P. Mitchell qui obtint le Prix Nobel de Chimie en 1978 pour ses travaux. En effet, le stockage chimique de l'énergie reçue par la cellule est réalisé par des molécules "riches en énergie" : les ATP. Lorsque de telles molécules sont synthétisées, il se produit la réaction globale suivante :

$$\text{ADP} + PO_4H_3 \xrightarrow{+\text{ énergie}} \text{ATP} + H^+ + OH^-$$

(adénosine diphosphate)	(acide phosphorique)	adénosine triphosphate	1 molécule d'eau ionisée

Deux phénomènes physiologiques typiques enrichissent la cellule en ATP : la *respiration*, d'une part, qui permet la récupération des molécules riches en énergie dans la *mitochondrie* ; la *photosynthèse* d'autre part, qui provoque la récupération de l'ATP dans le *chloroplaste*. Dans les deux cas, le modèle de Singer et Nicolson permet de se faire une idée du mécanisme intime de ces transductions d'énergie tel que P. Mitchell l'a imaginé.

a) Les transductions d'énergie accompagnant la respiration des cellules.

Dans le cas de la *respiration*, l'énergie nécessaire à la formation des molécules d'ATP sera puisée dans les aliments que reçoit la cellule. C'est donc l'énergie chimique potentielle des aliments qui forme la réserve énergétique à convertir en énergie chimique de l'ATP. Dans un premier temps, les aliments sont dégradés en un certain nombre d'acides organiques plus simples (comme le pyruvate ou le malate, par exemple), acides qui entrent ensuite facilement dans les mitochondries. Ces petits organites sont d'ailleurs les véritables centrales énergétiques de la cellule, puisque c'est dans ces organites que les acides organiques dérivés des aliments vont être progressivement oxydés. Or c'est précisément l'énergie de ces oxydations progressives qui va permettre la récupération de molécules d'ATP, c'est à dire la phosphorylation de molécules d'ADP.

En premier lieu, la conversion d'énergie ne peut s'effectuer sans l'intervention active d'une membrane fermée en vésicule close, la membrane interne de la mitochondrie dans le cas de la respiration. Cette membrane (fig. 27) ayant peut-être la structure moléculaire proposée par Singer et Nicolson, possède donc diverses protéines périphériques ou intégrées qui seront des transporteurs d'hydrogène ou d'électrons. Mais de plus, cette membrane comporte une espèce particulière de protéines intégrées qui la traversent de part en part, des enzymes appelées "ATPases réversibles" (ou ATP synthétases). Ce sont des enzymes qui sans apport d'énergie vont permettre l'hydrolyse de l'ATP selon la réaction :
$ATP + H_2O \longrightarrow ADP + PO_4H_3$ + énergie. Le reste de la membrane est formé du feuillet bimoléculaire de phospholipides, imperméable aux ions et aux protons H^+.

On peut ainsi retracer l'évolution d'une molécule d'acide organique, dérivé des aliments, le malate, qui a pénétré dans la matrice de la mitochondrie. Cette molécule est d'abord déshydrogénée en oxaloacétate (par une enzyme -malate déshydrogénase - de la membrane requérant le NAD^+ comme co-facteur). Les

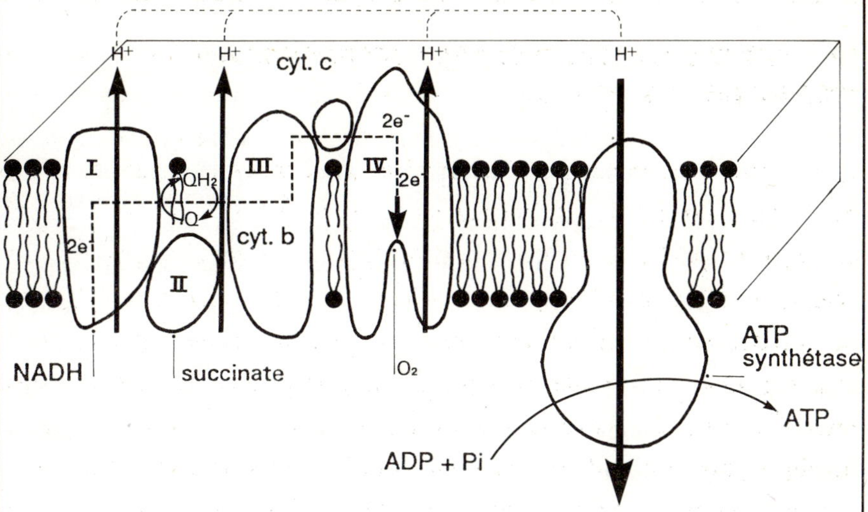

Figure 27
Les conversions d'énergie dans la membrane interne de la mitochondrie. Cinq ensembles de protéines intégrées interviennent : le complexe I (contenant une flavoprotéine, NADH-oxydase), le complexe II (succinate déshydrogénase), le complexe III (à cytochrome b), le complexe IV (cytochrome oxydase) et l'ATP-synthétase. Une protéine périphérique (cytochrome c) intervient également ainsi que l'ubiquinone réduite ou oxydée (QH_2, Q). On voit sur la figure que le transfert des électrons (du complexe I au complexe IV) dans le plan de la membrane s'accompagne d'échanges transmembranaires de protons.
D'après R. Durand, *La Recherche*, 17, 162 (1986).

deux hydrogènes arrachés se retrouvent l'un lié au NAD^+ (qui passe à l'état de NADH), l'autre sous forme de proton H^+. Ces protons qui apparaissent dans la matrice de la mitochondrie sont excrétés à travers la membrane vers l'extérieur de la mitochondrie, soit par des canaux existant dans les protéines intégrées de la membrane mitochondriale, soit grâce à une liaison transitoire avec des coenzymes (molécules d'ubiquinone notamment). Simultanément, les quatre complexes de protéines intégrées de la membrane transportent les électrons - grâce au fer lié à ces protéines et qui passe réversiblement de la forme ferrique (Fe^{3+}) à la forme ferreuse (Fe^{2+}) - du composé organique initial (malate) vers un accepteur terminal d'électrons qui est l'oxygène moléculaire. La formation d'eau par combinaison de protons et d'oxygène chargé négativement termine le processus. Un bilan rapide de ce qui s'est passé depuis que le malate a été déshydrogéné montre que finalement des protons ont été soit prélevés dans la matrice, soit excrétés à l'extérieur. Il s'est donc créé, à la suite de l'oxydation du malate, une différence de pH de part et d'autre de la membrane imperméable aux protons.

Cette différence de pH, selon la théorie de P. Mitchell, provoquerait le fonctionnement de l'ATPase réversible qui se localise sur la membrane mitochondriale interne. La réaction de biosynthèse de l'ATP serait ainsi catalysée en même temps que les ions H^+ seraient renvoyés dans la matrice, ce qui aurait pour résultat final d'annihiler la différence de pH primitivement créée. Beaucoup d'arguments expérimentaux ont été apportés en faveur de cette théorie par P. Mitchell et d'autres auteurs.

Le modèle de Singer et Nicolson permet de traduire en termes moléculaires la théorie de P. Mitchell. Le modèle offre pour cela sa mosaïque de phases lipidiques (imperméables aux protons) et ses protéines intégrées mobiles dans la membrane (pour transporter les électrons) et traversant toute l'épaisseur du feuillet bimoléculaire (pour fournir les canaux à protons).

b) Les transductions d'énergie accompagnant la photosynthèse

Mais la théorie de Mitchell et le modèle de Singer et Nicolson peuvent aussi être utilisés conjointement pour rendre compte des conversions d'énergie se produisant dans les chloroplastes des plantes vertes.

Dans les petits sacs membranaires fermés contenus dans les chloroplastes, les "thylakoïdes", s'effectuent également les transductions d'énergie correspondant à la photosynthèse, phénomène fondamental de la biosphère puisque c'est grâce à la photosynthèse que le gaz carbonique de l'atmosphère est incorporé dans les composés organiques (c'est-à-dire carbonés) des végétaux. Globalement, les animaux s'alimentent en composés carbonés en mangeant les végétaux : une chaîne alimentaire classique dans un écosystème peut donc se représenter sous la forme :

CO_2 ——> végétaux ——> herbivores ——> carnivores
photosynthèse

Pour synthétiser des composés organiques à partir du CO_2 de l'air et de l'eau du sol, les végétaux doivent trouver beaucoup d'énergie. Cette énergie, les cellules végétales se la procurent en transformant, dans les thylakoïdes de leurs chloroplastes, l'énergie lumineuse en énergie chimique. La figure 28 résume la succession des évènements (extrêmement rapides) correspondant à cette transduction d'énergie.

La lumière solaire est captée simultanément par deux photosystèmes (assemblages de protéines intégrées et de pigments divers) : dans le photosystème II domine un type de chlorophylle, dans le photosystème I, un autre type de chlorophylle. La capture des photons par les photosystèmes a plusieurs conséquences. D'une part, des électrons sont éjectés de ces photosystèmes et circulent dans la membrane, du photosystème II vers le photosystème I (fig. 28). D'autre part, le photosystème II, qui a perdu 2 électrons, est devenu très oxydant, ce qui entraîne secondairement la décomposition de l'eau en $1/2\ 0_2 + 2H^+ + 2e^-$. L'oxygène produit se dégage. Enfin, tandis que les électrons circulent le long du plan de la membrane, simultanément des protons traversent la membrane de l'extérieur vers l'intérieur du thylakoïde. En effet, l'un des transporteurs d'électrons, la plastoquinone (PQ), est également un transporteur d'hydrogène, prenant les protons à l'extérieur et les rejetant à l'intérieur du thylakoïde.

Les protéines qui interviennent dans les transports d'électrons (photosystème I + pigments associés, photosystème II, cytochrome, ferredoxine) sont soit des pro-

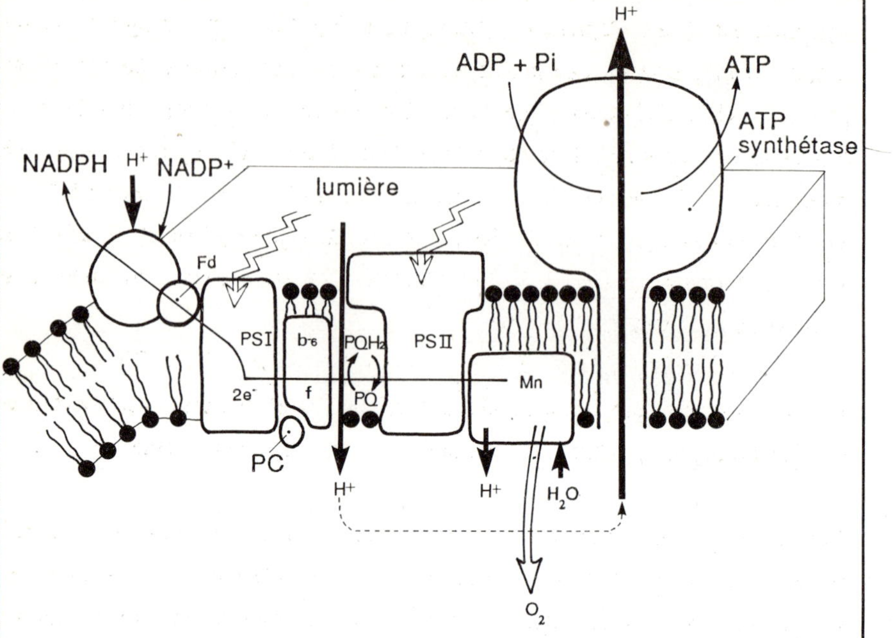

Figure 28

Les conversions d'énergie dans le thylakoïde du chloroplaste. Cinq ensembles de protéines intégrées interviennent : la protéine à manganèse (Mn) assurant la décomposition de l'eau, les photosystèmes II et I, le complexe à cytochromes b_6 et f, et l'ATP-synthétase. Les protéines périphériques : plastocyanine (PC), ferredoxine (Fd) et l'enzyme réducteur du $NADP^+$ interviennent aussi dans la circulation des électrons arrachés à l'eau ; la plastoquinone (PQ) joue aussi un rôle dans ce transfert. Comme dans la mitochondrie, au transfert latéral des électrons, dans la membrane, est couplé un échange transmembranaire de protons.

D'après G. Renser, pp. 515-542 in *Biophysics*, (W. Hoppe et al. Eds). Springer-Verlag, Heidelberg, 1983.

téines intégrées, soit des protéines périphériques. Le feuillet phospholipidique bimoléculaire (où se déplace la plastoquinone PQ) forme un barrage fermé, hydrophobe, imperméable aux protons. Il s'ensuit que l'on retrouve dans le chloroplaste le même phénomène que dans la mitochondrie : la circulation des électrons s'accompagne de la formation d'une différence de pH de part et d'autre de la membrane du thylakoïde. A l'intérieur du thylakoïde, le pH s'abaisse : à l'extérieur, le pH augmente. Cette différence de pH provoque également l'action d'une ATPase réversible (ATP synthétase), autre protéine intégrée de cette membrane, et cet enzyme effectue la réaction :

$$\text{énergie} + ADP + PO_4H_3 \longrightarrow ATP + H^+ + OH^-$$

Les protons repassent par le canal à protons de l'ATPsynthétase vers l'extérieur du thylakoïde, ce qui annule le gradient de pH primitivement formé.

Cette récapitulation de certaines des propriétés du dernier des modèles moléculaires de membranes biologiques proposé - il y a déjà plus d'une dizaine d'années - par Singer et Nicolson confirme bien que ce modèle en mosaïque fluide satisfait les biophysiciens, les morphologistes et même, dans une certaine mesure, les physiologistes, puisque pour la première fois, il permet de formuler des hypothèses de travail très intéressantes sur la perméabilité sélective des membranes, le "transport actif" et qu'il intègre fort bien les données acquises sur les transductions d'énergie en s'accordant facilement par exemple, avec la théorie de P.Mitchell. On comprend aisément que vers 1976-1977, la communauté tout entière des biologistes se soit finalement ralliée à ce modèle. Le modèle de Danielli et les modèles en sous-unités étaient définitivement remplacés par celui de Singer et Nicolson. De plus, ce dernier modèle se présentait de façon dynamique en associant à l'arrangement moléculaire proposé, des mouvements de lipides et de protéines ainsi qu'une fluidité intrinsèque de la matrice lipidique qui rendaient bien mieux compte des propriétés des membranes vivantes.

On se trouve donc ramené, vers 1976-1977, à une situation déjà rencontrée dans l'histoire des membranes : celle des années 1960. Un modèle moléculaire - celui de Singer et Nicolson - a remplacé tous les modèles antérieurs et fait l'objet d'un tel consensus parmi les biologistes qu'il risque de passer du statut de "modèle" au statut de "vérité démontrée". Les controverses s'éteignent : la communauté scientifique s'apaise. Mais dès 1979, la validité du modèle de Singer et Nicolson est remise en cause.

CHAPITRE VIII

Interrogations contemporaines : vers un nouveau modèle ?

Même si le consensus de la communauté biologique autour du modèle en mosaïque fluide de Singer et Nicolson était unanime dès la fin des années soixante-dix, il n'en reste pas moins que quelques faits expérimentaux - rares il est vrai - ne sont pas pris en compte par ce modèle. Signalons-en un, connu depuis les travaux du groupe de Luzzati dans les années 1960 : à forte concentration, en milieu aqueux et aux températures physiologiques, les lipides membranaires ont tendance à s'organiser en micelles de type hexagonal H_{II} (voir p. 77). Ce fait important a été quelque peu négligé, quand tout semblait concourir à démontrer la validité du modèle de Singer. De même, on négligea aussi la démonstration, apportée par le même groupe de Luzzati, que de faibles altérations locales de concentration, de teneur en eau ou de pH, pouvaient faire passer (tout au moins *in vitro*) les lipides d'une organisation micellaire H_{II} vers une organisation lamellaire $L\alpha$ et réciproquement.

Il y a un autre fait très général dont le modèle de Singer ne rend pas bien compte : ce sont les *fusions* de membranes si fréquemment observées au cours des évènements de la vie d'une cellule : les vésicules de toutes origines (golgiennes, du réticulum endoplasmique, du plasmalemme) fusionnent entre elles dans les cellules. On sait même, à l'aide de quelques substances chimiques dites "fusogènes" (l'acide oléique, le polyéthylène-glycol, la lysolécithine, les ions calcium, etc.) faire fusionner ensemble deux cellules isolées en culture, ce qui veut dire que deux plasmalemmes - organisés à l'échelle moléculaire comme Singer et Nicolson l'ont proposé - finissent par se confondre de façon à ne plus faire qu'un seul plasmalemme renfermant les éléments moléculaires des deux plasmalemmes primitifs. Il restait donc à comprendre la fusion de deux ensembles organisés selon le modèle de Singer, donc en particulier la fusion de deux feuillets bimoléculaires de phospholipides.

C'est un chercheur britannique, Lucy, spécialiste de longue date de ces problèmes de fusion membranaire, qui a fourni la première explication : au moment de la fusion - c'est-à-dire pendant une durée assez courte - des *micelles* apparaissent dans les feuillets bimoléculaires de phospholipides. Toutefois dans les schémas de Lucy, les micelles proposées sont de type hexagonal H_I (fig.29), ce qui ne permet donc pas la transformation réversible H_{II} $L\alpha$ que Luzzati et ses collaborateurs avaient mise en évidence, mais fait intervenir une transformation H_I $L\alpha$ non démontrée. Pour comprendre cet évènement cytologique observé très fréquemment - la fusion de deux membranes - Lucy et ses collaborateurs ont donc été amenés à modifier quelque peu le modèle de Singer en introduisant, dans le feuillet bimoléculaire de phospholipides, des micelles, dont l'existence ne serait que transitoire.

Tout cela cependant ne bouleversait pas beaucoup le modèle de Singer, d'autant plus que l'existence de ces micelles transitoires était bien plus supposée que démontrée. Mais, en 1979, deux chercheurs, Cullis et de Kruijff, (l'un canadien, l'autre hollandais) mirent en évidence la formation, dans certaines circonstances, de systèmes micellaires de type H_{II} dans les membranes, et ceci à l'aide d'une nouvelle technique expérimentale : la résonance magnétique nucléaire du phosphore (isotope naturel ^{31}P). En effet, le ^{31}P est l'isotope du phosphore le plus répandu dans la nature, celui présent en particulier dans tous les phospholipides membranaires. Aussi quand une molécule renfermant du phosphore naturel est placée dans un champ magnétique, elle délivre un signal électrique dû aux mouvements des électrons du ^{31}P : ce signal peut être amplifié, enregistré, la forme du signal variant avec la *mobilité* de la molécule phosphorée.

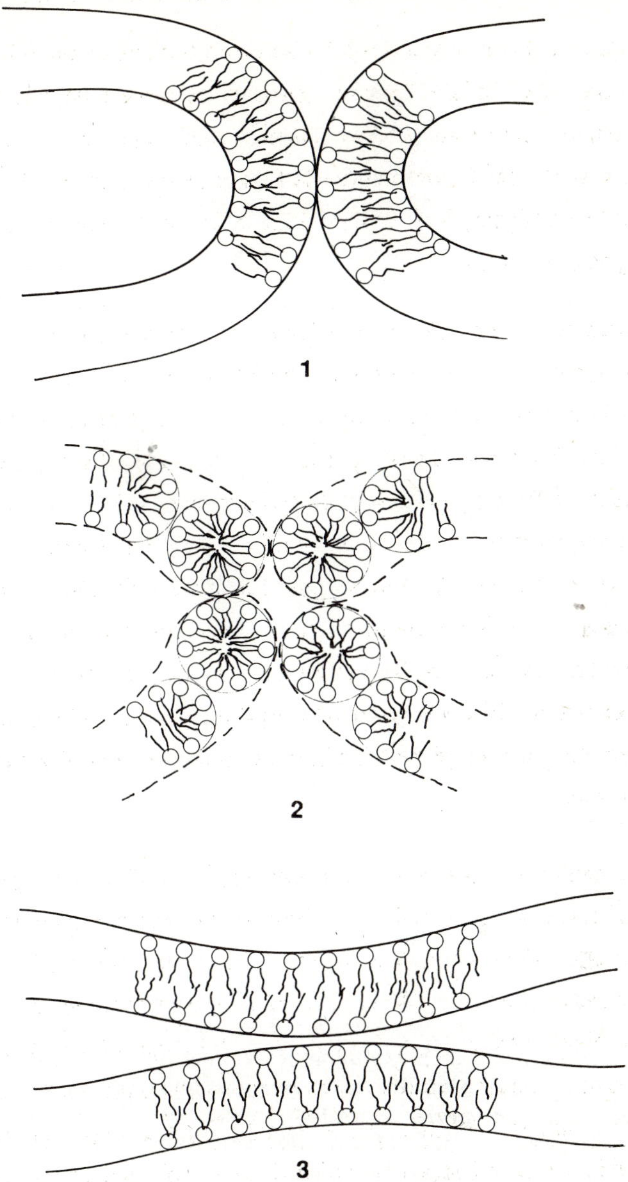

Figure 29
Trois temps successifs d'une fusion membranaire par l'intermédiaire de micelles transitoires de type H_I.

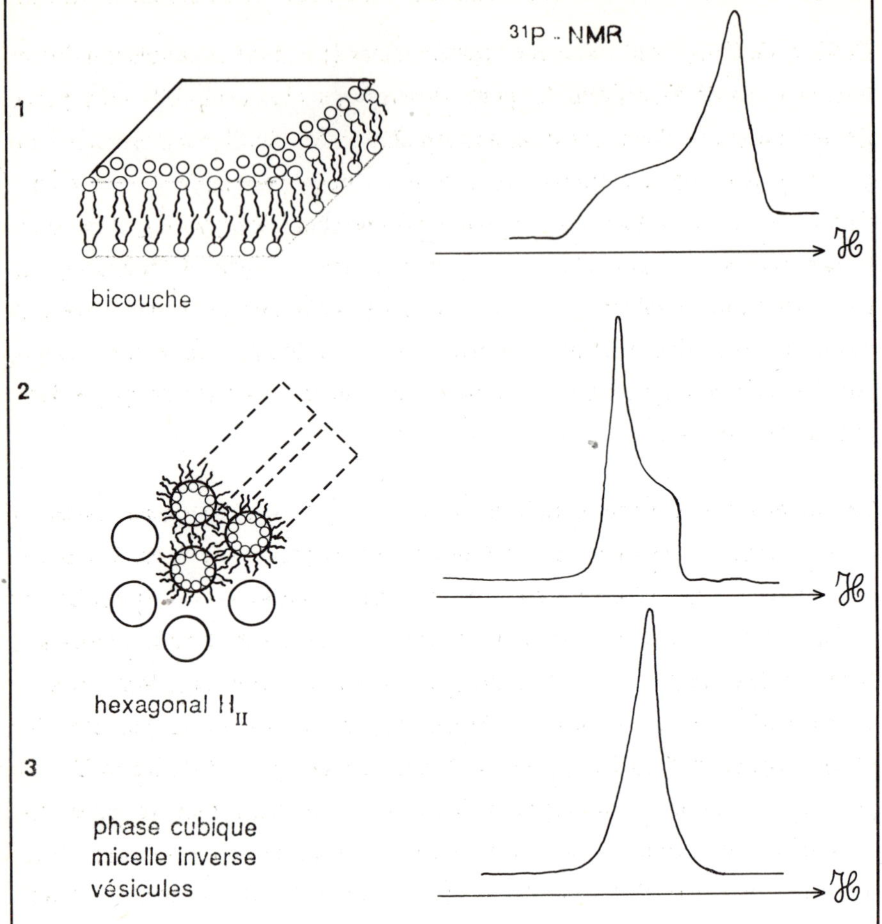

Figure 30
Polymorphisme des dispersions de phospholipides dans l'eau. A gauche sont indiqués schématiquement les arrangements les plus fréquents : 1. Feuillet bimoléculaire de phospholipides (arrangement lamellaire). 2. Arrangement micellaire hexagonal H_{II}. 3. Arrangements divers, assez rares, permettant une orientation des phospholipides dans toutes les directions de l'espace.
A droite figurent les signaux fournis en résonance magnétique nucléaire du ^{31}P (^{31}P-NMR) par chacun des types d'arrangements énumérés précédemment.

Cullis et de Kruijff ont commencé par examiner les signaux délivrés par divers arrangements de phospholipides purs, dispersés dans l'eau (fig. 30). Ils ont tout d'abord observé qu'aux arrangements lamellaires (au feuillet bimoléculaire de phospholipides, par exemple) correspondait un signal présentant un épaulement du côté des faibles valeurs du champ magnétique et un pic aigu à droite, vers les hautes valeurs du champ. Un arrangement micellaire (de type H_{II}) présente, lui, un signal d'allure totalement inversée : pic à gauche (du côté des faibles valeurs du champ magnétique) et épaulement à droite. La technique permet donc de déterminer aisément quel est l'arrangement moléculaire des phospholipides dans une structure donnée.

Les premières membranes cellulaires ainsi examinées furent des membranes de globules rouges humains (des fantômes d'érythrocytes) : les signaux obtenus correspondaient bien à un arrangement en feuillet bimoléculaire des lipides, ce qui semblait parfaitement corroborer le modèle de Singer et Nicolson. Mais dès l'examen de cette première membrane, quelques faits surprenants furent observés : il suffisait d'ajouter aux membranes de globules rouges un peu d'*acide oléique* (un agent fusogène), pour que le signal donné par le ^{31}P change. De signal caractéristique d'un arrangement lamellaire, il se transformait en signal caractéristique de l'arrangement micellaire H_{II}. Les auteurs retrouvaient ainsi la transition mise en évidence vingt ans auparavant par V. Luzzati et ses collaborateurs : des arrangements lamellaires pouvaient se transformer en arrangements micellaires H_{II} (et réciproquement) lorsque variaient légèrement les conditions du milieu : hydratation, pH, teneur en ions, etc. (voir p. 84). Ainsi se trouvait mise en lumière la possibilité d'existence de structures non lamellaires pour les lipides, fait qui ne s'accordait absolument pas avec le modèle de Singer.

Poursuivant leurs investigations, Cullis et de Kruijff découvrirent que des mélanges de phospholipides purs et de cholestérol, ou bien de phospholipides et de calcium, pouvaient donner, à l'examen en microscopie électronique après cryodécapage, un fond lisse *et des particules* ! Les auteurs en tirèrent la conclusion que toutes les "particules" vues sur les images de membranes examinées après cryo-décapage, n'étaient pas obligatoirement des protéines, mais que certaines de ces particules pouvaient être des micelles de lipides ! Cette fois encore, il était difficile d'intégrer ce fait dans le modèle moléculaire en mosaïque fluide !

Enfin Cullis et de Kruijff examinèrent un certain nombre d'endomembranes cellulaires ("microsomes" de diverses origines, c'est-à-dire fragments de membranes vésiculisées provenant du *réticulum endoplasmique*). Le résultat de leurs investigations fut inattendu : le signal donné par les molécules de phospholipides membranaires - contenant le ^{31}P - ne correspondait ni aux arrangements lamellaires, ni aux arrangements micellaires ! C'était un signal intermédiaire, formant un pic parfaitement symétrique (fig. 30). Un tel signal indiquait que dans la structure membranaire, les molécules de phospholipides pouvaient se mouvoir - *dans toutes les directions de l'espace* - avec une grande facilité. Or dans le feuillet bimoléculaire postulé par le modèle de Singer et Nicolson, le seul mouvement vraiment permis aux molécules de phospholipides est une diffusion latérale, extrêmement rapide et le long d'une des deux surfaces du feuillet bimoléculaire. Cette restriction ne s'accorde donc pas avec le signal obtenu en résonance magnétique nucléaire du ^{31}P des membranes microsomales, signal qui traduit une grande mobilité pour les molécules de phospholipides dans toutes les directions de l'espace ! Pour rendre compte de ces résultats, Cullis et de Kruijff ont proposé en 1979 de glisser par endroits des "micelles inverses de lipides" dans le feuillet bimoléculaire (fig. 31). Selon cette proposition, les phospholipides membranaires sont d'abord et fondamentalement arrangés en feuillet bimoléculaire : les auteurs conservent donc cette caractéristique majeure du modèle en mosaïque. Mais au sein de la bicouche lipidique, écartée en certains points de la surface membranaire, les auteurs glissent des structures micellaires de phospholipides (de type H_{II}), capables de tourner sur elles-mêmes.

Une telle modification du modèle de Singer et Nicolson permet de rendre compte du signal symétrique obtenu en résonance magnétique nucléaire du ^{31}P puisque la

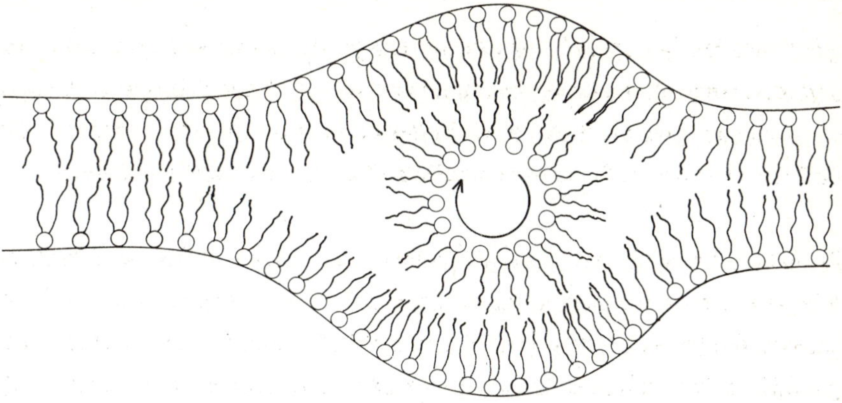

Figure 31
Le modèle de la «micelle inverse» proposé par De Kruijff et Cullis, pour rendre compte du signal symétrique (en résonance magnétique nucléaire du ^{31}P) donné par les microsomes. Au sein du feuillet bimoléculaire de phospholipides correspondant au modèle de Singer, Cullis et De Kruijff proposent d'insérer, de place en place, une micelle (de type H_{II}) tournant sur elle-même et se déplaçant éventuellement dans l'épaisseur du feuillet.

rotation des phospholipides dans la micelle inversée fait occuper aux atomes de ^{31}P, au cours du temps, des orientations très différentes dans l'espace membranaire. Mais elle explique également les curieuses "particules lipidiques" vues en microscopie électronique après cryo-décapage : la "particule" peut correspondre à l'ensemble "feuillet bimoléculaire écarté plus micelle inverse présente au milieu". D'après les photographies publiées, on peut penser que les "micelles inversées" ont souvent une forme sphérique. Enfin, elle autorise le mouvement de "flip-flop" observé dans les membranes naturelles et qui semblait interdit dans les feuillets bimoléculaires artificiels. En effet, il suffit de penser que des phospholipides peuvent passer de la micelle inversée au feuillet bimoléculaire environnant (et réciproquement) pour concevoir facilement - puisque la micelle inversée tourne sur elle-même - que des molécules initialement présentes sur le feuillet monomoléculaire supérieur de la structure puissent se retrouver dans le feuillet monomoléculaire inférieur après passage et rotation dans la micelle inversée. Ainsi les phospholipides pourraient-ils passer assez aisément du "versant externe" d'une membrane vers le "versant interne".

Ajoutons que l'existence de ces micelles inverses peut représenter le premier pas vers la solution du problème de la fusion de deux membranes. En effet Cullis et de Kruijff ont vérifié que nombre de substances chimiques "fusogènes" provoquant la fusion de cellules isolées en culture, donc la fusion de leurs membranes cytoplasmiques, provoquaient en fait l'apparition de nouveaux signaux, en résonance magnétique nucléaire du ^{31}P dans les arrangements lipidiques lamellaires. Ces signaux correspondaient donc à une transition de l'arrangement lamellaire vers un arrangement micellaire (de type H_{II}, il est vrai).

Enfin deux chercheurs américains, Gounaris et Steponkus, viennent de démontrer en 1985, que dans les membranes de cellules de seigle non résistantes au gel, les grands froids entraînaient la formation de micelles inverses de type H_{II} ; en revanche, dans les membranes des cellules de seigle endurcies au gel, de telles micelles inverses n'apparaissaient pas. Les physiologistes des végétaux se sont donc déjà saisis de la proposition de Cullis et de Kruijff pour expliquer la résistance aux très grands froids de certaines plantes.

Tous ces résultats très récents ne viennent pas démontrer la fausseté du modèle en mosaïque fluide. Ils entraînent cependant des interrogations sur la validité totale du modèle formulé en 1972. On est conduit à penser, devant la somme de résultats nouveaux apportés par la résonance magnétique nucléaire du ^{31}P, que peut-être les lipides membranaires ne sont pas toujours arrangés *strictement* en feuillet bimoléculaire. Certaines conditions de pH, de milieu ionique (présence d'ions calcium notamment), certaines substances peuvent sans doute induire - au moins transitoirement - des "micelles inverses" au sein du feuillet bimoléculaire ; cette idée permet au modèle ainsi modifié de rendre compte d'un nombre de faits encore plus grands que ne pouvait le faire le modèle de Singer et Nicolson. Comme le lecteur a pu en juger, les interrogations formulées ci-dessus sont nées de faits acquis très récemment. La prudence commande de ne pas pousser plus loin les spéculations et d'attendre d'autres confirmations expérimentales. Il est néanmoins très satisfaisant de voir, dès aujourd'hui, le modèle en mosaïque fluide échapper au statut de dogme...

La succession des différents modèles proposés en cinquante ans, et dont chacun reçut en son temps l'approbation quasi-unanime de toute la communauté scientifique, illustre parfaitement ce qu'il faut entendre par "vérité scientifique". Vers 1960, le modèle de Danielli était la vérité scientifique de l'époque sur l'arrangement des protéines et des lipides au sein des biomembranes. Vers 1965, les modèles en sous-unités s'imposent : une "vérité scientifique" nouvelle chasse la précédente, dont le manque de conformité avec l'ensemble des faits connus est apparu. En 1975, la communauté des biologistes adopte le modèle en mosaïque fluide de Singer et Nicolson : une nouvelle "vérité scientifique" s'est imposée à la suite de données expérimentales fournies par la microscopie électronique après cryo-décapage, les marqueurs de spin, la diffraction des rayons X, etc. Il importe donc de garder à l'esprit que toutes ces "vérités scientifiques" ne sont que des propositions explicitant au mieux l'ensemble des connaissances acquises à un moment donné de l'histoire.

Le deuxième enseignement qui se dégage de l'histoire des modèles moléculaires est que le progrès des connaissances repose le plus souvent sur une avancée des techniques expérimentales. Les données successives apportées par les techniques d'observation de plus en plus complexes qui ont été employées par les biologistes (microscopie optique, microscopie électronique, cryo-décapage) ont véritablement révolutionné à chaque fois le champ des connaissances sur les biomembranes. La biologie est avant tout une science expérimentale et ceci doit toujours rester présent à l'esprit même si la plus grande admiration est due à l'imagination des chercheurs qui proposèrent les différents modèles de membranes.

Enfin, une troisième constatation paraît s'imposer. Les faits expérimentaux qui étayent les modèles de membranes sont apportés - pour chaque modèle - par une assez grande variété de techniques expérimentales différentes. Chaque "modèle moléculaire" se trouve ainsi construit à un "carrefour" de données expérimentales multiples qui se recoupent les unes avec les autres. Le modèle est ainsi point de convergence, aboutissement, intégration de données très diverses. On peut même dire que plus les techniques expérimentales fournissant les données intégrées par le modèle sont nombreuses, meilleure est la "sécurité" du modèle ainsi que son adéquation avec la réalité. L'application prévisible de nouvelles techniques expérimentales à l'examen des biomembranes laisse donc penser que l'histoire des modèles moléculaires est loin d'être achevée.

Lexique

Amphiphiles ou **amphipolaires** : se dit de molécules comme les phospholipides ou les galactolipides ayant à la fois une partie polaire, chargée électriquement (ionisée, polarisable) et une partie apolaire hydrophobe (non chargée et non miscible à l'eau).

Acides gras : longues chaînes carbonées, de formule générale $CH_3 - (CH_2)_n - COOH$, saturées ou insaturées. Deux acides gras estérifiés à du glycérol forment généralement la partie hydrophobe des lipides caractéristiques des membranes. Les principaux acides gras membranaires ont 18 atomes de carbone et sont insaturés (acides oléique et linoléique).

ATP-ase : enzyme membranaire hydrolysant l'ATP. Certaines ATPases peuvent agir réversiblement (synthétiser de l'ATP) quand elles sont activées par un gradient de pH (on les appelle alors ATPsynthétases).

Bicouche de phospholipides : arrangement lamellaire des phospholipides ayant deux molécules d'épaisseur, dans lequel les restes d'acides gras des molécules s'affrontent au centre, les têtes polaires phosphorylées formant les surfaces supérieures et inférieures.

Conformation des protéines : les protéines sont constituées d'acides aminés liés entre eux et formant un filament polypeptidique. Ce filament peut être totalement désordonné ou bien enroulé en hélice. Un mélange de parties hélicoïdales et désordonnées donne aux protéines une conformation *globulaire*, c'est-à-dire une forme grossièrement sphérique. Une même protéine peut adopter plusieurs conformations globulaires voisines en fonction de l'environnement. Les polypeptides-peuvent aussi s'aligner parallèlement : les protéines ont alors une conformation *fibrillaire*.

Cryodécapage : procédé préparatoire à l'examen des objets biologiques en microscopie électronique. Le procédé consiste à congeler brutalement l'objet en le plongeant dans du fréon liquide (- 270°C), puis à le fracturer. Une réplique chrome-carbone de la surface de fracture est examinée au microscope électronique et révèle tous les détails de la surface membranaire.

Diagramme de Luzzati : diagramme de phases des lipides membranaires indiquant l'arrangement physique de ces lipides (lamellaire ou micellaire) en fonction de la température et de la concentration des lipides dans l'eau.

Dichroïsme circulaire : méthode spectroscopique permettant de déterminer la conformation des protéines (voir conformation).

Diffraction des rayons X : méthode physique d'examen des structures, empruntée à la cristallographie et consistant à projeter un faisceau de rayons X sur une structure biologique (membrane ou pile de membranes). Les rayons X sont diffractés par certains atomes constituant la structure examinée et vont impressionner une plaque photographique qui est ensuite révélée. La géométrie des points d'impact donne de nombreuses indications sur la structure examinée aux rayons X.

Endomembranes cellulaires : membranes biologiques compartimentant l'intérieur de la cellule ou présentes dans les organites cellulaires (mitochondries, chloroplastes, réticulum endoplasmique, appareil de Golgi, etc.).

Fantôme d'érythrocyte : membrane cytoplasmique (ou plasmalemme) de globule rouge humain préparée par choc osmotique (en faisant éclater les globules rouges dans une solution très diluée ; les "fantômes" sont récupérés par centrifugation).

Feuillet bimoléculaire (de phospholipides) : voir **bicouche de phospholipides.**

Film monomoléculaire (de phospholipides) : couche de phospholipides ayant l'épaisseur d'une seule molécule et se formant généralement à une interface eau-air : la partie polaire de chaque phospholipide plonge dans l'eau, la partie hydrophobe pointe dans l'air. Serrées côte à côte, les molécules de phospholipides forment le "film monomoléculaire" à la surface de l'eau.

Fluidité membranaire : grandeur inversement proportionnelle à la viscosité du milieu membranaire ; propriété d'une membrane biologique caractérisant sa capacité de déformation. A haute température, les chaînes d'acides gras des lipides membranaires sont très déformables, très mobiles : la membrane est fluide. A basse température, les chaînes d'acides gras sont régidifiées, alignées plus ou moins parallèlement : les lipides forment une phase très visqueuse et la membrane est peu fluide.

Galactolipides : molécules amphipolaires constituées d'un reste de galactose (au moins), de glycérol et de deux acides gras. Les galactolipides sont les constituants principaux des membranes des chloroplastes.

Glutaraldéhyde : fixateur chimique employé pour stabiliser les structures cellulaires avant la préparation des coupes ultrafines pour la microscopie électronique.

Hydrophile : un groupement chimique est hydrophile (miscible à l'eau) lorsqu'il est ionisé ou polarisé (analogue à un dipôle électrique). Les charges électriques des molécules d'eau peuvent facilement interagir avec les charges complémentaires des groupements hydrophiles.

Hydrophobe : un groupe chimique ne comportant aucune charge électrique (par exemple les longues extrémités CH_3 - $(CH_2)_n$ des chaînes d'acides gras) est absolument non miscible à l'eau, donc hydrophobe.

Micelle : arrangement d'un groupe de phospholipides en milieu aqueux. La micelle constitue une structure telle que les parties hydrophobes des molécules sont préservées à l'abri de l'eau ; seules les parties polaires sont au contact de l'eau.

Microscopie électronique : technique d'observation d'échantillons biologiques dans laquelle des électrons sont envoyés sur l'échantillon puis viennent former une image (grossie jusqu'à 100 000 fois) sur une plaque photographique. En microscopie électronique classique à transmission l'objet est fixé (par un fixateur chimique), déshydraté, inclus dans une résine acrylique puis débité en coupes ultrafines (de 0,5 µm d'épaisseur). Ce sont ces coupes que l'on observe au microscope. En microscopie électronique après cryodécapage, l'objet est fixé par un très grand froid, fracturé et c'est une réplique en chrome-carbone de la surface de fracture que l'on observe au microscope. La technique est décrite en détail p. 91.

Microsomes : vésicules membranaires provenant principalement de la fragmentation du réticulum endoplasmique, de l'appareil de Golgi, et d'autres endomembranes. Les microsomes des cellules s'obtiennent en centrifugeant à 100 000 x g, pendant 1 heure, le surnageant des mitochondries (sédimentées habituellement à 10 000 x g), lors de la centrifugation différentielle d'un homogénat de tissu broyé dans un milieu convenable. Il faut bien réaliser que c'est au cours du broyage que les endomembranes sont fragmentées et qu'elles se vésiculisent. Les microsomes forment ainsi une fraction subcellulaire de membranes commode pour l'expérimentation mais sans grande homogénéité.

Modèle : voir paragraphe 6, chapitre II, tout entier consacré à la discussion de ce que l'on appelle un "modèle" en biologie.

Perméabilité : la perméabilité d'une membrane est le phénomène permettant à certaines molécules de franchir transversalement la structure membranaire et ainsi, soit de passer d'un compartiment à un autre à l'intérieur de la cellule, soit de passer de la cellule au milieu extérieur (ou réciproquement). Quelques lois de la perméabilité cellulaire sont présentées p. 108.

Phosphatidylcholine, phosphatidyléthanolamine : principaux phospholipides membranaires.

Phospholipides : type de lipides membranaires présenté en détail p.22.

Plasmalemme : ou membrane plasmique ou membrane cytoplasmique. C'est la membrane qui enveloppe l'ensemble de la cellule et l'isole du milieu extérieur. Dans les cellules végétales, ce plasmalemme est habituellement plaqué contre la paroi cellulosique.

Protéines membranaires : on en distingue deux grandes classes : les protéines ***intégrées*** et les protéines ***périphériques***. La définition de ces divers types de protéines est donnée p. 97.

Résonance magnétique nucléaire du ^{31}P : technique récente d'examen des ments lipidiques. Cette technique est présentée au chapitre VIII. Les résultats qu'elle a fournis très récemment (1979) soulèvent quelques interrogations sur le modèle moléculaire de membrane actuellement le mieux accepté par la communauté scientifique, c'est à dire le modèle en mosaïque fluide.

Tension superficielle : à l'interface de deux fluides (eau/huile par exemple, ou eau/air), les molécules d'un des fluides (l'eau, dans les exemples ci-dessus) s'attirent mutuellement, ce qui rend l'interface très cohérente. Il faut une certaine force (exprimée en dynes x cm^{-1}) pour arracher une petite plaque métallique hors de l'eau : cette force représente la *tension superficielle* de l'eau à l'interface considérée. A partir de réflexions sur la tension superficielle des membranes, Danielli et Davson ont construit un modèle moléculaire (voir p. 57).

Tétroxyde d'osmium : fixateur chimique et constrastant employé en microscopie électronique. Les ions de tétroxyde d'osmium étant très chargés électriquement ne se fixent que sur les parties polaires des coupes ultrafines.

Théorie de Mitchell : théorie rendant compte des transductions d'énergie (voir ce mot) dans les membranes des mitochondries et du chloroplaste. Le savant britannique P. Mitchell obtint le prix Nobel en 1978 pour la formulation de cette théorie.

Transduction d'énergie : conversion de l'énergie chimique potentielle des substrats respiratoires dans les membranes mitochondriales, ou bien de l'énergie lumineuse dans les membranes chloroplastiques, en énergie chimique disponible pour les cellules, bloquée dans les molécules d'ATP formées en fin de transduction. La théorie de Mitchell postule que toute transduction d'énergie résulte : 1) de la création d'un gradient de pH de part et d'autre d'une membrane à la suite des oxydoréductions (c'est à dire des mouvements d'électrons) qui s'y produisent. 2) de l'annihilation de ce gradient de pH par le fonctionnement d'une ATPase (voir ce mot) qui, agissant réversiblement, synthétise de l'ATP. Les transductions d'énergie sont présentées globalement p. 15 et séparément pour le chloroplaste p. 114 et la mitochondrie p. 112.

Tonoplaste : membrane bordant la vacuole des cellules végétales.

Bibliographie

Chapitres I et II
Ouvrages généraux sur les biomembranes :

Policard, A. (1970). *Cytologie moléculaire des membranes et compartiments de la cellule animale*. Masson, Paris.

Fox, C.F., ed. (1975). *Biochemistry of cell walls and membranes*. Butterworth, Londres.

Berkaloff, A., Bourguet, J., Favard, P. et Lacroix, J.C. (1977). *Biologie et physiologie cellulaire*. Tome I. Membrane plasmique. Hermann, Paris, (deuxième édition, en quatre volumes).

Abrahamsson, S. et Pascher, I., ed. (1977). *Structures of biological membranes* (Symposium Nobel). Plenum Press, New York.

Gomperts, B.D., ed. (1977). *The plasma membrane. Models for structure and function*. Academic Press, New York.

Kepes, A. (1978). *Aspects moléculaires des fonctions membranaires*. Masson, Paris.

Wallach, D.F.H., ed. (1978). *Membrane anomalies of tumor cells*. S. Karger, Bâle.

Kates, M. et Kuksis, A., ed. (1980). *Membrane fluidity*. The Humana Press, Clifton, New Jersey.

Finean, J.B. et Michell, R.H. (1981). *Membrane structure. New comprehensive biochemistry*. Vol. 1, Elsevier, Amsterdam.

Shechter, E. (1984). *Membranes biologiques*, Masson, Paris.

Robinson, D.G. (1985). *Plant membranes : endo-and plasma membranes of plant cells*. J. Wiley and Sons. Londres.

Chapitre II

Robertson, J.D. (1964). Unit membranes : a review with recent new studies of experimental alterations and a new subunit structure in synaptic membranes, p. 1-81. *In Cellular membranes in development* (M. Locke, ed., Academic Press, New York).

Van Deenen, L.L.M. (1965). Phospholipids and biomembranes. *Progress in the chemistry of fats and other lipids*, 8, 1.

Branton, D. (1966). Fracture faces of frozen membranes. *Proc. Nat. Acad. Sc. Us*, *55*, 1048.

Stein, W.D. (1967). *The movement of molecules across cell membranes*. Academic Press, New York.

Marchesi, V.T., Jackson, R.L., Segres, J.P. et Kahane, I. (1973). Molecular features of the major glycoprotein of the human erythrocyte membrane. *Fed. Proc.*, *32*, 1833.

Chapitre III

Hooke, R. (1665)(1961). *Micrographia - or some Physiological Descriptions of Minute Bodies Made by Magnifying glasses with Observations and Inquiries There upon.* Londres, (réimpression Dover, New York).

Nagëli, C. (1855). *Planzenphysiologische Untersuchungen.* Vol. 1. F. Shultess, Zurich.

(1968) Article "*Cellule*". *Encyclopaedia Universalis,* Paris.

Chapitre IV

Overton, E. (1899)(1968). The probable origin and physiological significance of cellular osmotic properties. In *Papers on biological membrane structure,* D. Branton et R.B. Park ed., Little, Brown and Co., Boston.

Pfeffer, W. (1905). *Physiologie végétale*, Schleicher, Paris.

Gorter, E. et Grendel, F.J. (1925). On bimolecular layers of lipoids on the chromocytes of the blood. *J. Exp. Med.*, *41*, 439.

Chapitre V

Danielli, J.F. et Davson, H. (1935). A contribution to the theory of permeability of thin films. *J. Cell. Comp. Physiol.*, *5*, 495.

Davson, H. et Danielli, J.F. (1943). *The permeability of natural cell membranes.* Cambridge University Press.

Fernandez-Moran, H. et Finean, J.B. (1957). Electron microscope and low-angle X-ray diffraction studies of the nerve myelin sheath. *J. Biophys. Biochem. Cytol.*, *3*, 725.

Chapitre VI

Sjostrand, F.S. (1963). A comparison of plasma membrane, cytomembranes and mitochondrial membrane elements with respect to ultrastructural features. *J. Ultrastructure Res.*, *9*, 561.

Green, D.E. (1965). An introduction to membrane biochemistry. *Israël J. Med. Sci.*, *1*, 1187.

Benson, A.A. (1966). On the orientation of lipids in chloroplast and cell membrane. *J. Am. Oil Chemist's Soc., 43,* 265.

Luzzati, V. (1968). X-ray diffraction studies of lipid-water systems. In, *Biological membranes, physical facts and function,* D.Chapman, ed. Academic Press, Londres et New York.

Chapitre VII

Frye, L.D. et Edidin, M. (1970). The rapid intermixing of cell surface antigens after formation of mouse-human heterokaryons. *J. Cell. Sci., 7,* 319.

Pinto da Silva, P.G. et Branton, D. (1970). Membrane splitting in freeze etching. *J. Cell. Biol., 45,* 598.

Kornberg, R.D. et McConnel, H.M. (1971). Inside-outside transitions of phospholipids in vesicle membranes. *Biochemistry, 10,* 1111.

Devaux, P. et McConnell, H.M. (1972). Lateral diffusion of spin-labeled phosphatidylcholine multilayers. *J. Am. Chem. Soc., 94,* 4475.

Singer, S.J. et Nicolson, G.L. (1972). The fluid mosaic model of the structure of cell membranes. *Science, 175,* 200.

Mitchell, P. (1976). Vectorial chemistry and the molecular mechanics of chemiosmotic coupling. *Biochem. Soc. Trans., 4,* 399.

Sundler, R., Sarcione, S.L., Alberts, A.W. et Vagelos, P.R. (1977). Evidence against phospholipid asymmetry in intracellular membranes from liver. *Proc. Natl. Acad. Sc. Us, 74,* 3350.

Cherry, R.J. (1979). Rotational and lateral diffusion of membrane proteins. *Biochim. Biophys. Acta, 559,* 289.

Etemadi, A.H. (1980). Membrane asymetry. *Biochim. Biophys. Acta, 604,* 347.

Van der Steen, A.T.M., de Jong, W.A.C., de Kruijff, B. et van Deenen, L.L.M. (1981). Lipid-dependence of glycophorin-induced transbilayer movement of lysophosphatidylcholine in large unilamellar vesicles. *Biochim. Biophys. Acta, 647,* 63.

Chapitre VIII

Cullis, P.R. and de Kruijff, B. (1979). Lipid polymorphism and the functional roles of lipids in biological membranes. *Biochim. Biophys. Acta, 559,* 399.

De Kruijff, B., Verkley, A.J., van Echteld, C.J.A., Gerritsen, W.J., Nombers, C., Noordam, P.C. et de Gier, J. (1979). The occurence of lipidic particles in lipid bilayers as seen by ^{31}P-NMR and freeze-fracture electron-microscopy. *Biochim. Biophys. Acta, 555,* 200.

Steponkus, P.J. (1984). Role of the plasma membrane in freezing injury and cold acclimation. *Ann. Rev. Plant. Physiol.,* 35, 543.

Reproduit et achevé d'imprimer
par l'Imprimerie Floch à Mayenne (France)
Dépôt légal deuxième trimestre 1987
Numéro d'impression 25608
Numéro d'édition 6054
Hermann, éditeurs des sciences et des arts